U0171698

THE LARGE, THE SMALL
AND THE HUMAN MIND

[英] 罗杰·彭罗斯 等 著　阳曦 译

宇宙、量子和人类心灵

ROGER PENROSE
with Abner Shimony, Nancy Cartwright
and Stephen Hawking

东方出版中心

图书在版编目（CIP）数据

宇宙、量子和人类心灵 /（英）罗杰·彭罗斯等著；阳曦译. —上海：东方出版中心，2023.3
（2024.11重印）
ISBN 978-7-5473-2017-4

Ⅰ. ①宇… Ⅱ. ①罗… ②阳… Ⅲ. ①宇宙—普及读物 ②量子论—普及读物 Ⅳ. ①P159-49
②O413-49

中国版本图书馆 CIP 数据核字(2022)第 120906 号

上海市版权局著作权合同登记：图字 09-2021-0239

宇宙、量子和人类心灵

著　　者　[英] 罗杰·彭罗斯 等
译　　者　阳　曦
责任编辑　刘　鑫
封面设计　热带宇林

出版发行　东方出版中心有限公司
地　　址　上海市仙霞路 345 号
邮政编码　200336
电　　话　021-62417400
印 刷 者　上海盛通时代印刷有限公司

开　　本　890mm×1240mm　1/32
印　　张　6.375
字　　数　133 千字
版　　次　2023 年 3 月第 1 版
印　　次　2024 年 11 月第 3 次印刷
定　　价　58.00 元

剑桥大学出版社感谢剑桥大学克莱尔学院院长及各位同仁的合作，本书即源自他们举办的坦纳人类价值观讲座(Tanner Lectures on Human Values，1995)。

罗杰·彭罗斯在宇宙宏观物理学、微观世界量子力学和心灵物理学领域独树一帜、引人深思的理念一直众口纷纭。这些理念是他在畅销书《皇帝新脑》和《心灵的影子》里提出的。在这本书里，他总结、更新了自己在这几个复杂领域的新思考。他认为物理学的这些领域仍有重要的问题亟待解决，并对此进行了精辟的总结。在这个过程中，他引入了颠覆性的新概念，他相信这能帮助我们理解大脑的工作机制和人类心灵的本质。随后，这些理念受到了三位背景迥异的杰出专家的挑战——他们分别是科学哲学家艾伯纳·西蒙尼(Abner Shimony)、南希·卡特莱特(Nancy Cartwright)及理论物理学家暨宇宙学家史蒂芬·霍金(Stephen Hawking)。最后，罗杰·彭罗斯回应了他们富有启发性的批评。

本书以通俗易懂、振聋发聩和激励性的方式介绍了罗杰·彭罗斯对21世纪理论物理学的看法。他的热情、洞见和良好的幽默感在这本精彩总结了现代物理学诸多问题的著作中熠熠生辉。

罗杰·彭罗斯是牛津大学劳斯鲍尔荣誉数学教授。

目　录

图片来源 / vi

作者简介 / vii

前言 马尔科姆·朗盖尔 / ix

康托版序 / xvii

第 1 章 时空和宇宙 / 001

第 2 章 量子力学之谜 / 045

第 3 章 物理和心灵 / 084

第 4 章 关于精神、量子力学和潜在可能性的实现

艾伯纳·西蒙尼 / 131

第 5 章 为什么是物理？ 南希·卡特莱特 / 146

第 6 章 一位问心无愧的还原论者的异议

史蒂芬·霍金 / 153

第 7 章 罗杰·彭罗斯的回应 / 156

附录 1 古德斯坦定理和数学思维 / 168

附录 2 验证引力导致态坍塌的实验 / 174

图片来源

《皇帝新脑》（*The Emperor's New Mind*），R.彭罗斯，1989。牛津：牛津大学出版社。1.6，1.8，1.11，1.12，1.13，1.16（a），（b）和（c），1.18，1.19，1.25，1.26，1.28（a）和（b），1.29，1.30，2.2，2.5（a），3.20。

《心灵的影子》（*Shadows of the Mind*），R.彭罗斯，1994。牛津：牛津大学出版社。1.14，2.3，2.4，2.5（b），2.6，2.7，2.19，2.20，3.7，3.8，3.11，3.12，3.13，3.14，3.16，3.17，3.18。

《高能天体物理学》（*High Energy Astrophysics*），第二卷，M. S.朗盖尔，1994。剑桥：剑桥大学出版社。1.15，1.22。

由荷兰科登美术馆（Cordon Art-Baarn-Holland）© 1989 提供。1.17，1.19。

作者简介

罗杰·彭罗斯是牛津大学劳斯鲍尔荣誉数学教授。

艾伯纳·西蒙尼是波士顿大学哲学和物理学荣誉教授。

南希·卡特莱特是伦敦政治经济学院哲学、逻辑与科学方法教授。

史蒂芬·霍金是剑桥大学卢卡斯数学教授。

编者简介

马尔科姆·朗盖尔是剑桥大学杰克逊自然哲学教授。他主要的研究方向是高能天体物理学和天体物理宇宙学。他的著作包括《高能天体物理学》（*High Energy Astrophysics*，两卷本，1992，1995）和《我们正在演化的宇宙》（*Our Evolving Universe*，1996）。

前　言

马尔科姆·朗盖尔

过去十年里最鼓舞人心的进展之一，是诸多优秀的科学家出版了一系列书籍，试图将他们学科的精华和激动人心之处介绍给普通读者。这方面最惊人的例子包括史蒂芬·霍金的《时间简史》（*A Brief History of Time*）获得的非凡成功，如今这本书已经载入出版史册；詹姆斯·格雷克（James Gleick）的《混沌》（*Chaos*）让我们看到了原本艰深的题目竟能成功化作惊心动魄的侦探故事；而史蒂文·温伯格（Steven Weinberg）的《终极理论之梦》（*Dreams of a Final Theory*）以通俗易懂的方式令人信服地阐述了当代粒子物理学的本质和目标。

在这波大众化的浪潮中，罗杰·彭罗斯出版于 1989 年的著作《皇帝新脑》显得独树一帜。其他作者的目标是介绍当代科学的内容和趣味，而彭罗斯的书提出了一个极具原创性的惊人设想：物理学、数学、生物学、脑科学甚至哲学，这些看起来截然不同的学科有可能被整合并纳入一套新的基本过程理论，尽管这套理论目前还未被定义。不出所料的是，《皇帝新脑》引发了大量争议；1994 年，罗杰出版了第二本书

《心灵的影子》，在这本书里，他试图反驳一些批评，提出更深层的洞
xii 见，并对自己的理念进行拓展。1995 年，他在坦纳系列讲座中全面介绍了这两本书的核心议题，并与艾伯纳·西蒙尼、南希·卡特莱特和史蒂芬·霍金探讨了这些问题。本书前三章收录的三场讲座概括介绍了那两本书中详细阐述的内容，而三位讨论者在第 4、5、6 章中提出了人们长期以来对这些观点的诸多疑虑。罗杰将在第 7 章中对这些疑虑做出回答。

罗杰的章节本身就很有说服力，但几句话的介绍也许能奠定一点基础，让我们更好地理解他对现代科学的一部分最深刻问题采取的特殊方法。他一直是国际公认的当代最有天赋的数学家之一，但他的研究工作一直深植于现实的物理学领域。他在天体物理学和宇宙学领域最著名的工作，涉及相对论引力理论的相关定理，其中有一部分是和史蒂芬·霍金共同完成的。其中一条定理表明，根据经典相对论引力理论，黑洞内不可避免地存在一个物理奇点，该空间区域中的空间曲率——等价于物质密度——会变得无穷大。另一条定理表明，根据经典相对论引力理论，大爆炸宇宙模型的源头不可避免地存在一个类似的物理奇点。从某种意义上说，上述结论意味着这些理论存在严重缺陷，因为任何有意义的物理理论都应避免出现物理奇点。

但在数学和数学物理的诸多不同领域，这只是他做出的大量贡献中
xiii 的一个方面。彭罗斯过程（Penrose process）描述的是粒子能从旋转的黑洞中提取旋转能量。彭罗斯图（Penrose diagram）用于研究物质在黑洞周围的行为。纵观本书前三章，他的方法蕴含着一种近乎画面感的强烈几何感。对于他在这方面的成就，大众最熟悉的例子是 M. C.埃舍

尔[1]的“不可能”画作和彭罗斯瓷砖（Penrose tile）。有趣的是，埃舍尔好些“不可能”画作的灵感正是源于罗杰和他父亲 L. S.彭罗斯的论文。此外，在本书第 1 章中，彭罗斯利用了埃舍尔的圆极限画，来阐释自己对双曲几何的热忱。彭罗斯瓷砖是一种神奇的几何结构，它只用几种不同的形状就能完全铺满一个无限的平面。最不可思议的彭罗斯瓷砖，可以不重复地铺满无限平面——换句话说，瓷砖的花色在无限平面上的任何位置都不会重复出现。这个主题在第 3 章中再次出现，此时它涉及的问题是，一组精确定义的特定数学过程能否由计算机执行。

因此，罗杰为现代物理学某些最深刻的问题提供了一系列强大的数学武器，并在数学和物理学领域取得了非凡的成就。毋庸置疑，他提及的问题的确存在，而且相当重要。宇宙学家有充分的理由坚信，大爆炸为我们理解宇宙的宏观特性提供了最具说服力的图景。但从很多方面来说，它也存在严重的缺陷。大部分宇宙学家坚信，对于解释宇宙从它诞生后约千分之一秒到现在的整体特性所需的基本物理学，我们已经有了很好的理解。但我们必须非常小心地设定初始条件，这幅图景才能成立。严重的问题在于，当宇宙的年龄显著小于千分之一秒时，所有经过验证的物理学都会失效，因此我们只能基于已知的物理定律进行合理的外推。我们对宇宙必然具备的初始条件已经有了相当深入的了解，但它为什么会这样，我们依然只能猜测。人们公认，这是当代宇宙学最重要的问题之一。

xiv

为了试着解决这些问题，人们建立了一个标准框架，即早期宇宙的

① 莫里茨·科内利斯·埃舍尔（Maurits Cornelis Escher，1898—1972），荷兰艺术家，因其绘画中的科学思维而闻名。——编辑注

暴胀图景。哪怕在这幅图景中，我们仍假设了宇宙的特定特征源自有意义的最早时间，即普朗克时期（Planck epoch），这时候我们需要了解量子引力。普朗克时期是宇宙诞生的大约前 10^{-43} 秒，这看起来可能有些极端，但基于今天我们所知的东西，我们必须严肃看待这个极度短暂的时期内发生的事情。

就目前而言，罗杰接受常规的大爆炸图景，但他不认可大爆炸理论早期阶段的暴胀图景。取而代之的是，他相信物理学必然缺失了一部分，它涉及真正的量子引力理论，目前我们还没掌握这套理论，尽管多年来理论家们一直在试图解决这个问题。罗杰认为，他们搞错了努力的方向。他的顾虑有一部分涉及将宇宙的熵（entropy）视为一个整体的问题。因为熵，或者用更简单的话来说，无序（disorder），随时间而增长，所以宇宙必然诞生于一个熵极小的高度有序的状态。这种状态的存在完全出于偶然的概率，小得可以忽略不计。罗杰提出，要构建正确的量子引力理论，就应该解决这个问题。

xv

量子化的必要性，引发了他在第 2 章中对量子力学诸多问题的讨论。在解释粒子物理学诸多实验结果以及原子和其他粒子特性的时候，量子力学和它在量子场论中的相对论扩展获得了非凡的成功。但人们花费了多年时间才真正认识到这套理论在物理学领域的重要性。正如罗杰优雅揭示的，这套理论的固有结构中蕴含着高度反直觉的特征，经典物理学里没有这样的东西。比如说，非局域性现象意味着，一对物质-反物质粒子只要被制造出来就各自携带着对其创造过程的“记忆”，从这个意义上说，它们不能被视作互相完全独立。正如罗杰所说：“量子纠缠是一件很奇怪的事情。它介于物体互相独立和互相联系之间。”量子力学还允许我们获取本来可以发生但并未发生的过程的信息。他讨论的最惊人的例子是神奇的伊利泽-威德曼炸弹测试问题（Elitzur-Vaidman bomb-testing problem），它揭示了量子力学和经典物理学之间的巨大差异。

这些反直觉的特征是量子力学结构的一部分，但还有更深层的问题。罗杰关注的是，我们如何将发生在量子层面的现象和宏观层面上对量子系统的观察联系在一起。这是一个有争议的领域。大部分实验物理学家简单地把量子力学规则当成计算工具来使用，它只是正好能得出非常准确的结果。只要我们正确运用这些规则，就能得到正确的答案。但这牵涉到一个不太优雅的过程：将量子层面简单线性世界的现象翻译到现实实验的世界中。这个过程涉及所谓的“波函数坍塌”（collapse of the wavefunction），或者说“态矢量还原”（reduction of the state vector）。罗杰相信，量子力学的常规图景中缺失了某些基础的物理规则。他提出，我们需要一套包含了他所谓的“波函数客观还原”（objective reduction of the wavefunction）的全新理论。这套新理论必须能在合适的条件下简化为常规的量子力学和量子场论，但它很可能会带来新的物理现象。量子引力问题和早期宇宙物理学的答案也许就藏在这套理论里。

xvi

在第 3 章中，罗杰试图寻找数学、物理学和人类心灵的共同特征。人们常常惊讶地发现，科学的最严密逻辑——抽象数学——不能编制成电子计算机上的程序，无论这台计算机有多准确，它的内存又有多大。这样一台计算机不能以人类数学家的方式发现数学定理。这个惊人的结论是从所谓的哥德尔定理的某个变体推导出来的。罗杰解释说，这意味着数学思考的过程——推而广之，所有思考和有意识的行为——是通过“非计算”的方式实现的。这是一条富有成效的线索，因为直觉告诉我们，人类各种有意识的知觉也是“非计算”的。因为这个结论是他所有论证的核心基点，所以他在《心灵的影子》里花费了半本书的篇幅，来阐述自己对哥德尔定理的诠释多么无懈可击。

罗杰的观点是，从某个角度来说，量子力学问题和理解意识的问题在很多方面是相通的。非局域性和量子相干的存在意味着，从原则上说，脑部的大片区域能够协同工作。他相信，波函数客观还原为宏观可观测量的过程和意识都有非计算的一面，这二者之间可能有联系。不满足于简单阐述一般性的原则，他还试图确认脑部哪些类型的区域有能力支持这类新的物理过程。

xvii

上述简介其实不足以充分体现这些想法的原创性和丰富性，以及罗杰在这本书里对它们进行的精彩演绎。纵观全书，有几个隐藏的主题极大影响了他思考的方向。其中最重要的可能是数学描述自然界基本过程的非凡能力。按照罗杰的表述，从某种意义上说，物理世界是从柏拉图式的数学世界里涌现（emerge）出来的。但我们对新数学的追求不是为了描述这个世界，也不是为了让实验和观测结果符合数学规则。对世界结构的理解，可能来自广泛的一般性原理和数学本身。

不出所料的是，这些大胆的创见一直饱受争议。在异议者贡献的章节中，多位知识背景迥异的专家提出了富有代表性的反对意见。艾伯纳·西蒙尼同意罗杰的一些宗旨——他同意罗杰提出的量子力学标准方程并不完善的观点，也赞同量子力学概念也许能帮助我们理解人类心灵。但他宣称，罗杰“是一位选错了山峰的登山者”，并提出了几条解决上述疑虑的富有建设性的替代思路。南希·卡特莱特提出了一个基本的问题：要理解意识的本质，物理学到底是不是一个正确的起点？她还提出了一个棘手的问题：那些主宰不同科学学科的定律，实际上该如何互相推导。最严厉的批评来自史蒂芬·霍金，罗杰的老朋友兼同事。从很多角度来说，霍金的立场最接近所谓的“一般”物理学家的标准立场。他敦促罗杰建立一套详细的波函数客观还原理论。他认为物理学在解决意识问题方面没有太大价值。这些疑虑都很合理，但罗杰在本书最后一章中回应了这几位反对者，捍卫了自己的立场。

罗杰成功地描绘或者说宣告了 21 世纪数学物理可能的发展方向。在前三章中，他系统性地阐述了故事的各个部分可能以何种方式拼成一幅完整的物理学全新图景，这幅图景涵盖了他关注的非计算性和波函数客观还原等核心问题。而且，即使这个项目无法在短时间内成功，它的大体概念中固有的想法是否有益于理论物理学和数学在未来的发展呢？如果这个问题的答案是否定的，那才真的让人大吃一惊呢。

康托版序

剑桥大学出版社选择将我的书《宇宙、量子和人类心灵》——与艾伯纳·西蒙尼、南希·卡特莱特和史蒂芬·霍金合著，并由能力卓著、为人谦逊的马尔科姆·朗盖尔编辑——列入他们的康托系列，我深感荣幸，受宠若惊。除此以外，我必须承认我有一点惊讶，因为这本书并不是我打磨多年、力求尽善尽美的作品。我的贡献（从某种程度上说，可能除了我对几位可敬的批评者的回应以外）基本就是原文照录了自己在三场坦纳讲座上的发言，不完美之处俯拾皆是，还常常出现我个人特有的即兴发挥。或许，正是缺乏打磨才让这本书显得颇为平易近人，毫无疑问，我的其他许多作品一直缺乏的正是这样的特质。 xix

话虽如此，但我必须承认，我对行文中某些先前更难以理解的部分进行了少量润色，因为当我重新审视这些文本的时候，我试图让自己的叙述变得更合理。不过归根结底，书中的内容和我所做的坦纳讲座基本一致。当然，若是这样说，我似乎是忽略了马尔科姆·朗盖尔教授高质量的编辑，他在编成这本书上耗费的精力比我自己还多。他不断鼓励我看清需求，而这仅是他对本书所做的贡献中最微不足道的一项。他还提 xx

供了除直接援引自其他出处（这些引用的插图主要是我自己画的，来自我在牛津出的两本书《皇帝新脑》和《心灵的影子》）之外的所有插图。我本来应该为这本书专门提供一套原创的插图（因为它是首次出版），但时间不允许我如此奢侈。我们可以使用一些以前的插图，但这也不能完全满足需求。马尔科姆·朗盖尔花费了大量宝贵的时间和精力提供了我们需要的完美图片，对于他的技艺、热情，以及他这样通情达理，如此清晰地呈现所需素材，我亏欠良多。

这几场讲座是我在 1995 年的春天做的，读者可能会好奇，我在这本书中提出的想法是否经受住了时间的考验。客观来说，以第一近似值的标准来考量，这些想法迄今没有太大变化。推测仍是推测，而已经经过考验的成熟观点也没有动摇。但从我做完这几场讲座以后，学界有一些重要的进展。其中有一项显然可行但难度很高的实验，它能真正验证我一直在努力宣扬的关于量子态还原现象的某些想法。这相当于把所谓的“薛定谔的猫”送上太空。当然，我应该声明它不是一只真猫！这只“猫”由一小块晶体构成，比一粒灰尘大不了多少，根据量子力学原理，xxi 它可以被放置在一个“叠加”（superposition）的位置上，或者说，它同时存在于两个有细微差别的位置（二者之间的距离约等于一个原子核的直径）上。微观物理学允许出现这样的叠加，问题在于：微观物理学能向宏观延伸多远，二者之间是否存在明晰的界限？该实验的目标正是解决这个问题。本书的一篇附录简单描述了这个实验。而在另一篇附录中，我概括介绍了鲁本·路易斯·古德斯坦（Ruben Louis Goodstein）在 1944 年提出的一条值得注意的定理，它为著名的哥德尔定理提供了一个精彩的案例，让不是数学家的读者更容易理解。我在最初的坦纳讲座上没有讲过这两篇附录中的内容。

正如我在这本书中试图解释的，我的观点是：在微观物理学和宏观物理学的边界上，的确存在一些有待我们去发现的、关于这个宇宙的基本的物理学新知。这个观点的第二个部分——它很大程度上独立于第一个部分——是，这块缺失的新物理学就是大脑产生意识的机制。我坚持认为，这块缺失的物理学必然拥有迥异于我们今天熟知的物理学（无论是微观还是宏观）的性质。确切地说，这种新的物理学包含了一些不管多强大的计算机都无法正确模拟的行为。这一观点出于我对数学理解的本质的分析（确切地说，出自数学逻辑最基本的哥德尔定理）。可能并不让人惊讶的是，这样的观点饱受争议。我必须说，无论是现在，还是我做那几场为本书奠定基础的演讲的时候，这些争议都同样悬而未决。

有趣的是，如果大脑真的受益于这块缺失的物理学（正如我的观点所要求的），那么“热乎乎”“乱糟糟”的大脑里怎么可能具备使其得以落实的物理条件呢？神经学的标准图景几乎完全由常规的神经信号术语描绘，它显然解释不了这个；因此，在本书推测色彩最浓郁的章节中，我介绍了斯图尔特·哈默洛夫[①]和我共同建立的一个模型，它使用了亚细胞神经元微管，希望利用它们来满足需要的条件。这里同样有很多争议，目前核心的问题也还没有解决。

最后还有最大尺度的结构的问题，也就是宇宙本身的问题。这些有争议的问题同样没有确切的解决方案，但在这一点上，我们似乎已经接近了某些最重要的问题的答案。那个模型——我在书中说它是我最“偏

---

① 斯图尔特·哈默洛夫（Stuart Hameroff，1947— ），美国亚利桑那大学麻醉学与心理学教授，以对意识问题的研究而著称。——编辑注

爱”的一个，荷兰艺术家M. C.埃舍尔在图1.17和图1.19中对它进行了精彩的描绘——到底能不能准确描述我们最大尺度的宇宙，我屏息以待。

罗杰·彭罗斯

第 1 章 | 时空和宇宙

这本书名叫《宇宙、量子和人类心灵》，第 1 章的主题就是宏观。第 1 章和第 2 章讨论的是我们的物理世界，我在图 1.1 里非常形象地把它描绘成了一个“球”。但这两章不会像在植物园那样，详细介绍世界上这里有什么、那里有什么，我更想集中精力帮助你理解那些主宰世

图 1.1

界运行方式的物理定律。我之所以选择将自己对物理定律的描述分成宏观（宇宙）和微观（量子）两章，原因之一在于，主宰宏观世界和微观世界运行方式的定律看起来很不一样。二者差异巨大的事实，以及我们如何处理这种看似巨大的差异，是第 3 章的核心主题——这就说到了人类心灵。

我打算用物理理论术语来讨论物理世界，因为前者解释了后者的行为。有鉴于此，我也不得不略微介绍一下另一个世界，即绝对的柏拉图世界，作为数学真理的特殊角色。我们完全可以认为，“柏拉图世界”包含了另一些绝对的东西，譬如善和美，但我在这里只考虑柏拉图式的数学概念。有人很难接受“柏拉图世界客观存在”的设想。他们可能更愿意认为，数学概念只是对物理世界的理想化抽象——从这个角度来说，数学世界应该是从物理世界的客体中涌现出来的。(图 1.2)。

但这不是我对数学的看法，而且我相信，大部分数学家和数学物理学家也不是这样看待世界的。他们的看法和这很不一样，在他们眼里，物理世界是由永恒的数学法则精确主宰的结构。所以他们更愿意认为，物理世界是从（“永恒的”）数学世界中涌现出来的，这样的描述才更贴切，如图 1.3 所示。这幅图对我在第 3 章中的阐述意义重大，我在前两章中的大部分阐述也以它为基石。

物理世界的行为有一个显著的特点：它看起来是以数学为基础的，而且精确度相当之高。我们对物理世界了解得越多，对自然规律的探索越深入，就越深刻地感受到：物理世界仿佛彻底蒸发了，最后剩下的只有数学。我们对物理规则理解得越深，就越陷入数学和数学概念的世界。

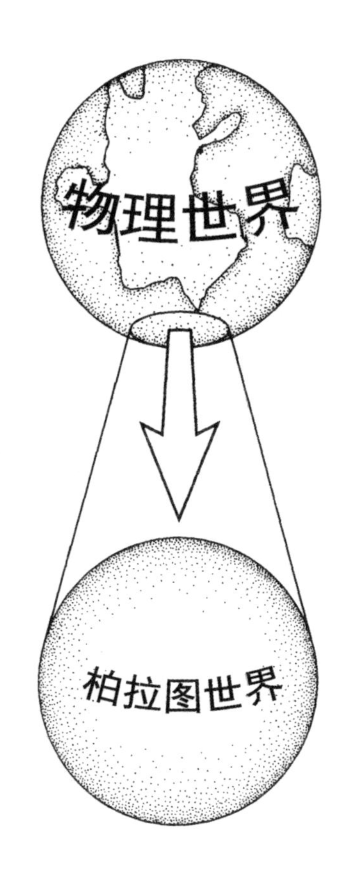

图 1.2

让我们看一看自己必须面对的宇宙尺度和我们在这个宇宙中所处的位置。我可以把所有这些尺度都浓缩到一张示意图里（图 1.4）。图左描绘了时间尺度，图右则是对应的距离尺度。示意图最左下角是物理上有意义的最短的时间尺度，也就是约 10^{-43} 秒，它常被称作普朗克时间尺度（Planck time-scale）或者“时间子”（chronon）。这个时间尺度比粒子物理学中任何事件所经历的时间还要短得多。比如说，作为寿命最短

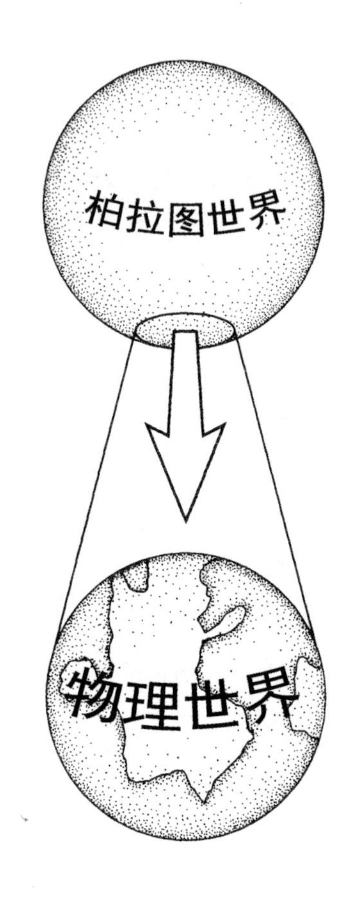

图 1.3

的粒子，共振态粒子（resonance）存在的时间大约是 10^{-23} 秒。左边再往上一点是日和年，最上方则是宇宙现在的年龄。

图右描绘的是这些时间尺度对应的距离。与普朗克时间（或者说时间子）对应的长度是一个基本长度单位，它名叫普朗克长度（Planck length)。爱因斯坦的广义相对论（Genaral Relativity）描述了极大尺

6

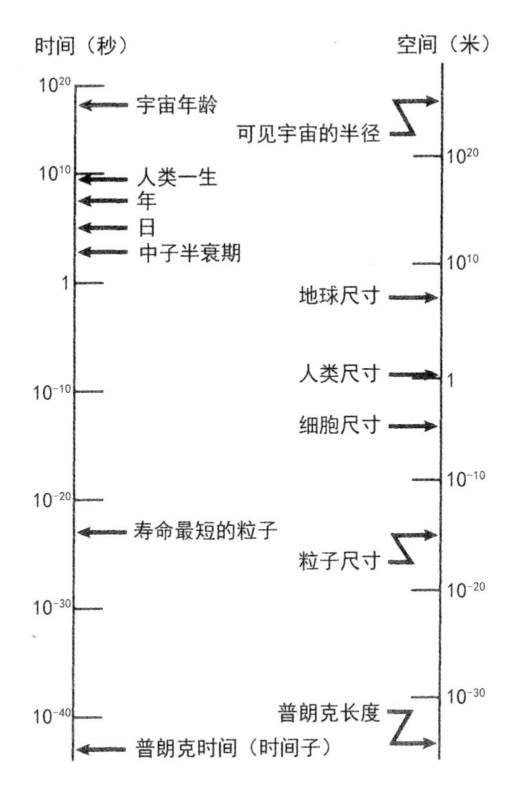

图 1.4　宇宙中的距离和时间尺度

度的物理，而量子力学描述的是极小尺度的物理，如果你试图将描述宏观和微观的物理理论融合起来，自然会涉及普朗克时间和普朗克长度的概念。如果把这两套理论放到一起，就会凸显出普朗克长度和普朗克时间的基础地位。这幅示意图的左轴和右轴通过光速完成转换，只要问问光信号在某段时间内能行进多远，我们就能将时间转化为距离。

图右的现实物体尺寸，介于 10^{-15} 米左右（这是粒子的典型尺寸）到 10^{27} 米左右（目前可见的宇宙的半径，它约等于宇宙的年龄乘以光速）。值得注意的是我们在这幅图中的位置，也就是人类尺寸。从空间维度的层面上说，可以看到我们大约落在示意图的中间位置。比起普朗克长度来，我们大得不可思议；哪怕跟粒子的尺寸相比，我们依然很大。但相对于可见宇宙的距离尺度，我们就很渺小了。事实上，宇宙比我们大的倍数，远大于我们比粒子大的倍数。换个角度，从时间维度上说，人类的一生的长度却几乎堪比宇宙的寿命！人们常说存在是短暂的，但你只要看看这幅图里人类一生所处的位置，就会发现我们的存在绝不短暂——我们的寿命几乎和宇宙一样长！当然，这是从“对数尺度”（logarithmic scale）上看的，但在描绘跨度如此巨大的数字时，我们自然会采用这个尺度。换句话说，宇宙年龄与人类一生的长度之比，远小于人类一生与普朗克时间之比，甚至小于人类一生与寿命最短的粒子存在时间之比。所以，我们实际上是宇宙中非常稳定的结构。从空间尺度上说，我们大致位于中间——尺度极大和极小的物理都不是我们能直接体验的。我们正好落在二者之间。事实上，从对数尺度上说，从单细胞生物到树木再到鲸，所有生物大致都落在这个中间尺度上。

这些不同的距离尺度分别适用于哪种物理学呢？请容我引入图 1.5，这幅示意图概括了所有物理学。当然，我不得不省略了一些细节，例如所有方程！但物理学家们使用的核心基础理论都列出来了。

关键在于，在物理学领域里，我们会使用两种截然不同的程序。我们用量子力学来描述微观尺度上的行为——图 1.5 里的“量子层面”，我会在第 2 章中详细讨论这方面的问题。人们常说量子力学模糊飘忽，不

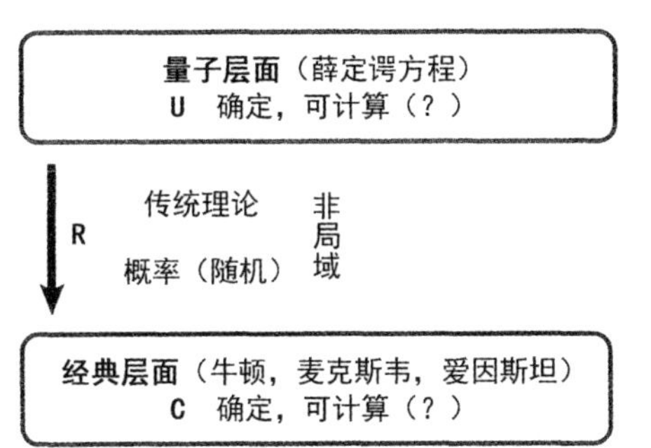

图 1.5

确定性高，但事实并非如此。只要你停留在微观层面上，量子理论就是确定而准确的。就拿它最广为人知的表现形式来说，量子力学涉及对薛定谔方程（Schrödinger's Equation）的使用，它主宰着量子系统的物理态行为——也就是它的量子态（quantum state）——这是一个确定的方程。我用字母“U”来描述这种量子层面的活动。量子力学的不确定性只有在你进行所谓的“测量”时才会出现，这牵涉到将一个事件从量子层面放大到经典层面。我会在第 2 章中非常详细地讨论这一点。

在宏观尺度上，我们使用经典物理学，它是完全确定的——这些经典定律包括牛顿运动定律、电磁领域的麦克斯韦定律（它融合了电、磁和光）和爱因斯坦的相对论，其中狭义相对论处理大速度，广义相对论处理大引力场。这些定律在宏观尺度上有非常准确的应用。

作为图 1.5 的一个注脚，你可以看到我在量子力学和经典物理学中都引入了一个关于“可计算性”的评价。这个标签与本章和第 2 章无关，但在第 3 章里非常重要，我将在那一章里回过头来讨论可计算性的问题。

在本章剩下的内容里，我主要讨论的是爱因斯坦的相对论——具体地说，包括这套理论如何运作，它的高度准确性以及它作为物理理论的优雅特性。不过我们先来看看牛顿的理论。和相对论里的情况一样，牛顿力学允许使用时空一体的描述。爱因斯坦提出广义相对论后不久，嘉当①首次用这种方式精确描述了牛顿引力。伽利略和牛顿力学的时空观里存在一个全球时间坐标系，如图 1.6 所示，它的方向是从下到上的；每个确定的时间点上有一个欧氏的三维空间切面，即图中的水平面。牛顿时空观的核心特质是，图中的这些空间切面代表同时发生的时刻。

9

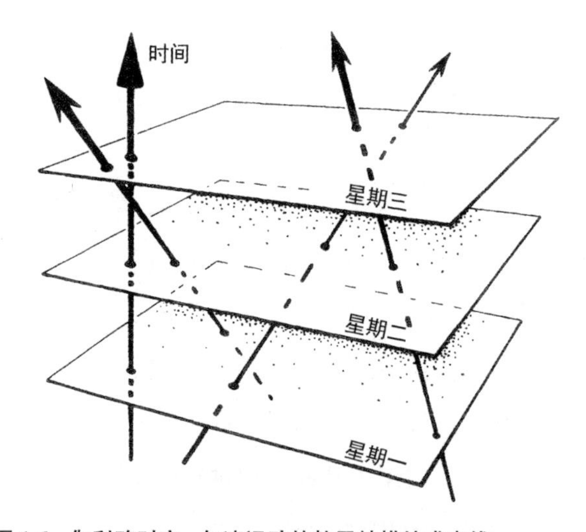

图 1.6 伽利略时空：匀速运动的粒子被描绘成直线

---

① 埃利·约瑟夫·嘉当（Elie Joseph Cartan，1869—1951），法国数学家，法兰西科学院院士，对近现代数学的发展做出了重要贡献。——编辑注

因此，在这幅时空示意图里，星期一中午发生的所有事件都落在一个水平切面上；星期二中午发生的所有事件落在图中的下一个切面上，以此类推。时间将时空图切割开来，欧氏切面随时间流逝一片接一片地排列起来。所有观察者都能就事件发生的时间达成共识，无论他们在时空中如何运动，因为每个人都使用同样的时间切面来衡量时间的流逝。

而在爱因斯坦的狭义相对论里，你必须适应另一幅图景。时空观在这套理论里至关重要——关键的区别在于，狭义相对论里的时间不再像牛顿理论里那样恒定不变。要弄清两种理论之间的差异，我们有必要理解相对论的基本组成部分之一，也就是那些名为光锥（light cone）的结构。

10

什么是光锥？如图 1.7 所示。我们想象一道光于某个时间出现在某个点上——即时空中的某个事件（event）——光波以这个事件（光源）为起点，以光速向外扩散。在一幅纯空间的图景［图 1.7（b）］里，我们可以用一个以光速膨胀的球体来代表光波在空间中传播的路径。现在，我们可以将光波的这种运动转换到一幅时空图景［图 1.7（a）］里，其中纵轴代表时间，水平面代表空间坐标系，和图 1.6 描绘的牛顿时空观一样。不幸的是，在图 1.7（a）这幅完整的时空图里，我们只能在水平面上画出两个空间维度，因为我们的时空图一共只有三个维度。现在我们看到，最初的光被描绘成了一个起点（事件），接下来光线（波）的传播路径在水平的“空间”平面上切割出一串圆圈，其半径以光速沿纵轴向上增大。可以看到，光线的路径在时空图中形成了圆锥，因此，光锥代表了这道光的历史——光从起点开始沿着光锥以光速向未来传播。光线也能从起点开始沿着光锥向过去传播——光锥的这个部分

11

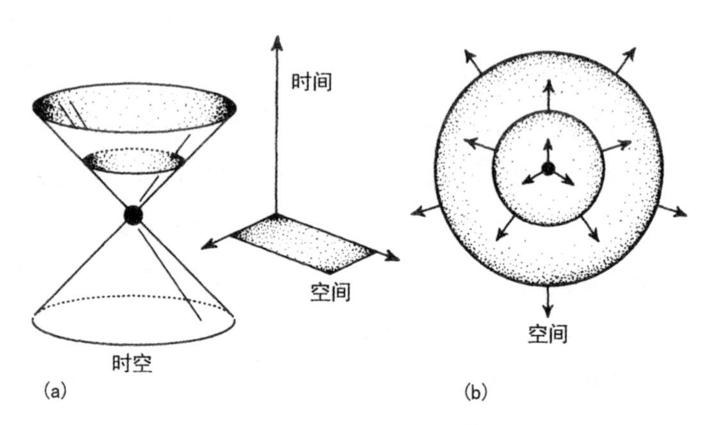

图 1.7 一道光在（a）时空和（b）空间中传播的历史的示意图

被称为“昔日光锥”（past light cone），光波带给观察者的所有信息都沿着它到达起点。

光锥代表着时空中最重要的结构。确切地说，它们代表着因果影响（causal influence）的边界。一个粒子在时空中的历史，被描绘为时空图中一条自下而上的线，这条线必然落在光锥以内（图 1.8）。换句话说，物质粒子不可能跑得比光速还快。任何信号都无法从未来光锥的内部传到外部，所以光锥的确代表着因果关系的边界。

光锥有一些值得注意的几何性质。我们假设，有两位观察者在时空中以不同的速度运动。在牛顿理论框架下，同一个时刻的平面对所有观察者来说都是相同的，但相对论里没有这种绝对的同时性。速度不同的观察者在时空中的不同区域分别画出自己的同时性平面，如图 1.9 所示。要从一个平面转换到另一个平面，有一种定义得很完善的方法，即所谓的洛伦兹变换（Lorentz transformation），这样的转换构成了所谓

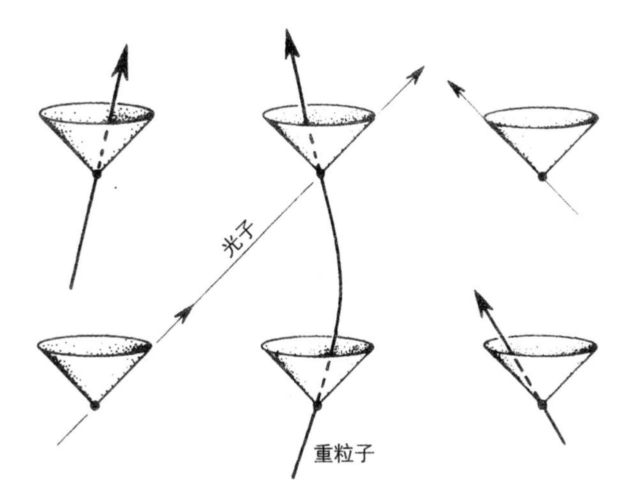

图 1.8 描绘粒子在狭义相对论时空（又叫闵氏时空或闵氏几何）中的运动。光锥在时空中的不同位置上排列起来，粒子只能在其未来光锥以内运动。

的洛伦兹群（Lorentz group）。洛伦兹群的发现是爱因斯坦狭义相对论发现过程中至关重要的元素，它可以被理解为一组（线性的）时空转换，对光锥没有任何影响。 12

我们也可以稍微换个角度来理解洛伦兹群。正如我强调过的，光锥是时空的基本结构。假设你从空间中的某个位置上向外观察宇宙。你眼中看到的光线来自恒星。根据狭义相对论的时空观，你观察到的事件是恒星的世界线与你的昔日光锥的交点，如图 1.10（a）所示。你沿着自己的昔日光锥观察恒星在特定点上的位置。这些点看起来落在一个以你为中心的天球上。现在，假如有另一位观察者以极大的速度相对于你运动，在你们近距离擦肩而过的那一刻，你们同时望向天空。 13

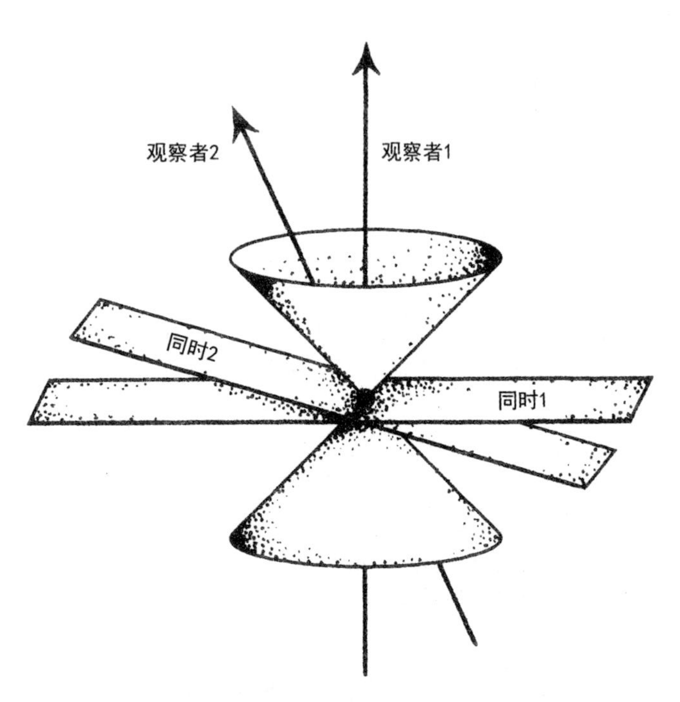

图 1.9　描绘爱因斯坦狭义相对论下的同时性的相对性。观察者 1 和观察者 2 在时空中彼此相对运动。观察者 1 眼中同时发生的事件在观察者 2 看来并不同时，反之亦然。

这位观察者也看到了你看到的那些恒星，但他发现它们出现在天球上的不同位置［图 1.10（b）］——这种效应被称为像差（aberration）。我们可以通过一系列转换，算出不同的观察者在自己的天球上看到的位置之间的关系。每次转换都能将一个球面换算成另一个球面。但这种转换非常特殊。它能将正圆转换为正圆，并保留角度。所以，如果天空中的某个图形在你眼里是圆的，那么它在其他观察者眼里也必然是圆的。

14

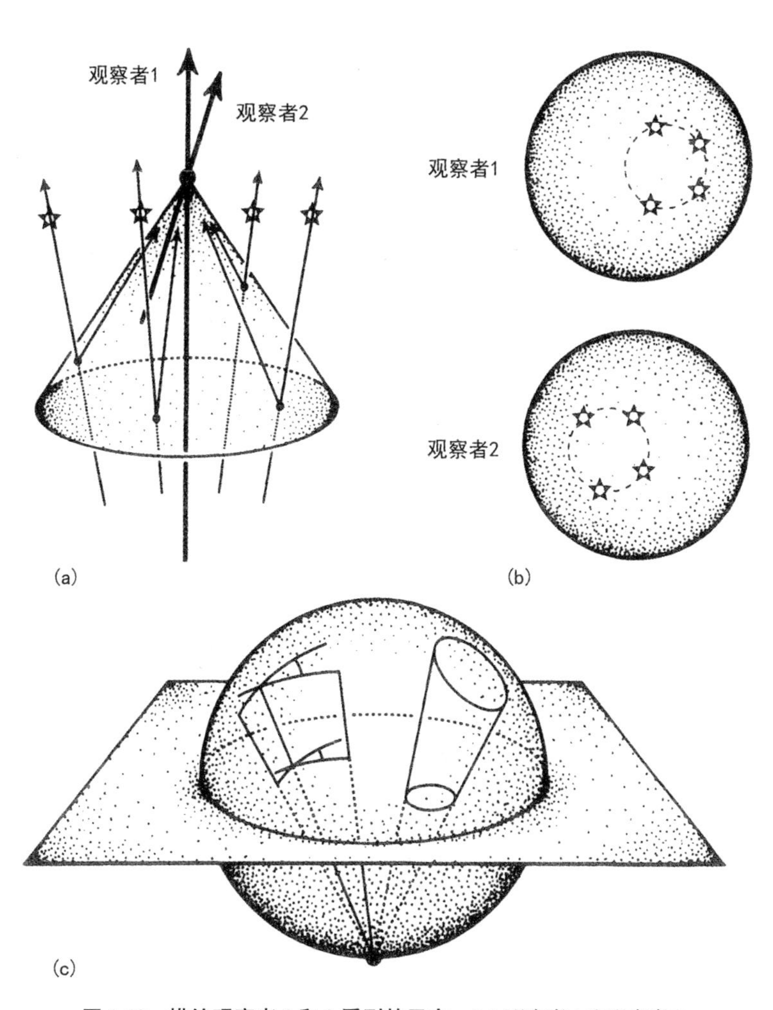

图 1.10　描绘观察者 1 和 2 看到的天空。(a) 观察者 1 和观察者 2 沿着昔日光锥观察恒星。恒星穿过光锥的位置用黑点表示。如图所示，光信号沿着光锥从恒星传播到观察者眼里。观察者 2 以特定速度相对于观察者 1 在时空中运动。(b) 描绘观察者 1 和 2 在时空中的某个点上相遇时，他们分别在天空中看到的恒星的位置。(c) 要将一位观察者看到的天空转换成另一位看到的，有个好办法是通过球面投影：圆的投影依然是圆，角度将被保留下来。

我们以这种非常美丽的方式描述了洛伦兹群的工作机制，我这样做是为了让你们看到，物理最基本的层面上往往蕴含着数学特有的优美。图 1.10（c）描绘了一个从赤道位置被平面截开的球。我们可以在球面上绘制图形，然后检查它们是如何从南极点被投影到赤道平面上的，如图所示。这种投影叫作“球面投影”，它拥有一些非常特别的性质。球面上的圆投影到平面上依然是正圆，球面上的曲线之间的角度也会被原封不动地投影到平面上。正如我将在第 2 章（同图 2.4）中更全面地讨论的，这种投影让我们得以将球面上的点表示为复数（涉及 −1 的平方根的数），这些数同样能用来表示赤道平面上的点，再加上“无穷远点”，最终让这个球成了一种名为“黎曼球面”（Riemann sphere）的结构。

如果有人感兴趣的话，像差的转换方程是：

$$u \rightarrow u' = \frac{\alpha u + \beta}{\gamma u + \delta}$$

正如数学家所熟知的，这样的转换能将圆转化为圆，并保留角度。这类转换被称为莫比乌斯转换（Möbius transformation）。就我们目前的需求而言，我们只需要注意洛伦兹（像差）方程用复参数 u 描述时展现出来的简单的优雅。

16

从这个角度来看待这种变换，让人震惊的是，在狭义相对论框架下，它的公式非常简单，与此同时，要在牛顿力学框架下描述相应的像差转换，需要的公式却复杂得多。人们往往会发现，你对基本原理的探索越深入，构建的理论越严谨，所涉及的数学就越简单，哪怕起初它的表现形式看起来更复杂。伽利略力学和爱因斯坦相对论之间的对比很好地说明了这件重要的事情。

因此，狭义相对论框架下的理论从很多方面来说比牛顿力学更简单。从数学的角度，尤其是群论的角度来看，这是一种漂亮得多的结构。狭义相对论中的时空是平坦的，所有光锥规律排列，如图 1.8 所示。现在，如果我们往前一步，进入爱因斯坦的广义相对论，也就是引入了引力的时空理论，新的图景乍看之下又是一片混乱——光锥到处都是(图 1.11)。刚才我一直在说，随着我们对理论的探索越来越深入，数学会变得越来越简单，但看看眼前的局面——原本优雅的数学变得无比复杂。呃，这样的事经常发生——你得跟我一起忍受片刻，直到简洁重新出现。

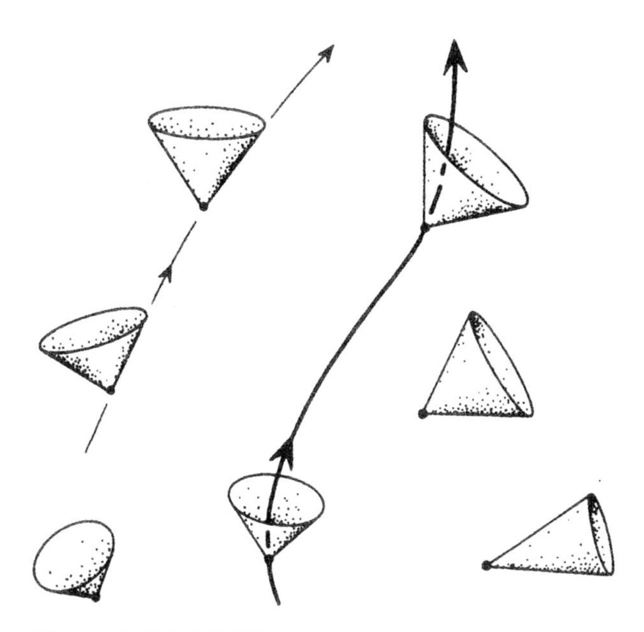

图 1.11　弯曲时空的图景

请容我提醒你爱因斯坦引力理论的基本要素。其中一个基本要素叫作伽利略的等价原理（Galileo's Principle of Equivalence）。在图 1.12（a）中，我描绘了伽利略从比萨斜塔顶部弯腰扔下一大一小两块石头。无论

17 他是否真的做过这个实验，他肯定非常清楚，如果忽略空气阻力的影响，两块石头将同时落地。如果两块石头一起下坠的时候，你正好坐在其中一块石头上观察，你会发现另一块石头悬停在你面前（我在图中的一块石头上画了一个微型摄像机，让它来观察）。今时今日，这在太空旅行中是一种很常见的现象——就在近年，我们还见证了一位出生在英国的宇航员在太空中行走，就像图中的大石头和小石头一样，太空飞行器悬停在宇航员面前——这正是伽利略的等价原理描述的现象。

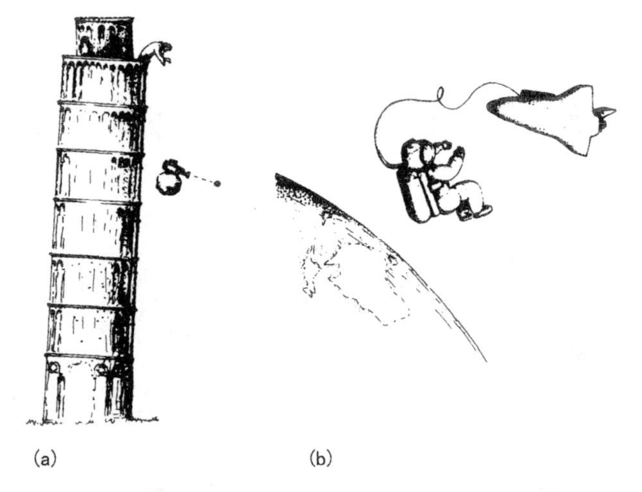

图 1.12 （a）伽利略从比萨斜塔上扔下两块石头（和一台摄像机）。（b）宇航员看到太空飞行器悬停在自己面前，仿佛不受引力影响。

因此，如果你以恰当的方式看待引力，比如说在一个坠落的参考系里，它看起来就像从你眼前消失了。事实的确如此。但爱因斯坦的理论可没告诉你引力会消失——它只是说，引力产生的力消失了。仍有一些东西保留了下来，那就是引力的潮汐效应（tidal effect）。 18

请容我再介绍一点数学，但不会太多。我们需要描述时空的曲率，它由一个名叫张量的参数来描述，在下面的方程里，我称之为**黎曼**张量。实际上它的全称是“黎曼曲率张量”（Riemann curvature tensor），但我不会告诉你它到底是什么，你只需要知道，它可以用大写字母 **R** 来表示，右下角带有数量不等的黑点。黎曼曲率张量由两部分组成。其中一部分叫作**魏尔**曲率（Weyl curvature），另一部分叫作里奇曲率（Ricci curvature），于是我们得到了一个（原理）方程： 19

黎曼张量＝魏尔张量＋里奇张量

R.... = C.... + R..g..

严格地说，**C....**和 **R..**分别是魏尔曲率张量和里奇曲率张量，**g..**则是度规张量。

魏尔曲率实际上衡量的是潮汐效应。什么是“潮汐”效应？还记得吧，从宇航员的角度来看，引力好像失效了，但这样说并不完全准确。想象一下，假如这位宇航员被一团粒子组成的球体包围，起初这些粒子相对于宇航员静止。接下来，它们很快会从初始的悬停状态开始加速，因为地球对球体不同位置的粒子产生的引力有细微的差异。（请注意，我使用了牛顿力学的语言来描述这一现象，但这完全够了。）这种细微的差异会让初始的粒子球变成椭球状，如图 1.13（a）所示。

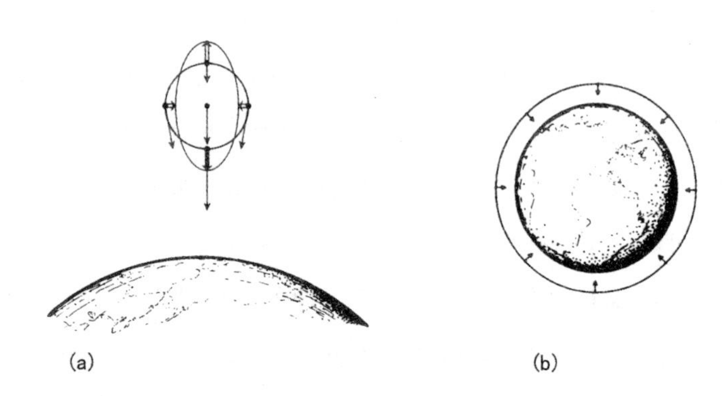

图 1.13 (a) 潮汐效应。双箭头代表相对加速度。(b) 包裹物质的球体（正如地球上的情况）会有一个网状的向内的加速度。

之所以会出现这种变形，有一部分的原因是，地球对距离自己更近的粒子产生的引力略大于对距离更远的粒子；另一部分的原因是，球体侧面受到的地球引力微微向内倾斜。这导致了球体变成椭球。它之所以被称为潮汐效应，有个很好的理由是，如果你把地球换成月亮，粒子球换成被海洋覆盖的地球，那么就像地球吸引粒子球一样，月亮也会对地球表面的海洋产生同样的引力效应——靠近月亮的海平面会被拉高，与此同时，位于地球另一面的海水实际上会被推开。这种效应导致地球两边的海平面上涨，从而带来每天两次的涨潮。

从爱因斯坦的视角来看，引力的作用就是这种潮汐效应。它基本上由魏尔曲率定义，也就是黎曼曲率中记作“**C....**”的部分。曲率张量的这个部分不会改变体积，也就是说——如果你算出了粒子球的初始加速度，那么这个球的体积和它变形后的椭球的体积起初是相同的。

黎曼曲率的另一个部分被称为里奇曲率，它拥有压缩体积的效应。

如图 1.13（b）所示，如果地球不再位于示意图底部，而是跑到粒子球里面，那么随着粒子向内加速，粒子球的体积会变小。这种体积的压缩由里奇曲率来度量。爱因斯坦的理论告诉我们，里奇曲率取决于空间中这个点周围的小球内的物质数量。换句话说，在适当的定义下，物质的密度决定了空间中这个点上粒子向内加速的程度。在这种表述方式下，爱因斯坦的理论和牛顿力学几乎完全相同。

爱因斯坦就是这样阐述他的引力理论的——它将潮汐效应描述为局域的时空曲率。关键在于，我们必须站在四维时空曲率的角度上思考，如图 1.11 所示——图中的线代表粒子的世界线，这些线的轨迹畸变衡量的是时空曲率。因此，从本质上说，爱因斯坦的理论是一套四维时空的几何理论——它在数学上很美。

爱因斯坦发现广义相对论的过程中有个重要的启示。这套理论是在 1915 年首次完整成型的。它的诞生不是为了满足任何观测方面的需求，而是出于审美、几何和物理方面的渴望。关键的要素是伽利略的等价原理，这位科学家扔下两块不同重量石头的实验正是这一原理的具体表现（图 1.12），非欧几何的理念则是描述时空曲率的天然语言。1915 年的时候，还没有太多观测方面的证据。广义相对论最终的表述完整成型后，人们意识到，有三个关键的观测结果可以验证这一理论。水星的近日点进动，或者说摇摆，无法用其他行星牛顿引力的影响来解释——但广义相对论精确预测了我们观察到的进动。根据广义相对论，太阳会弯曲光线，为了验证这件事，1919 年，亚瑟・爱丁顿（Arthur Eddington）领导了著名的日食观测远征，最终的观测结果完全符合爱因斯坦的预言［图 1.14（a）］。第三个试验是预测引力势下的时钟变慢，也就是

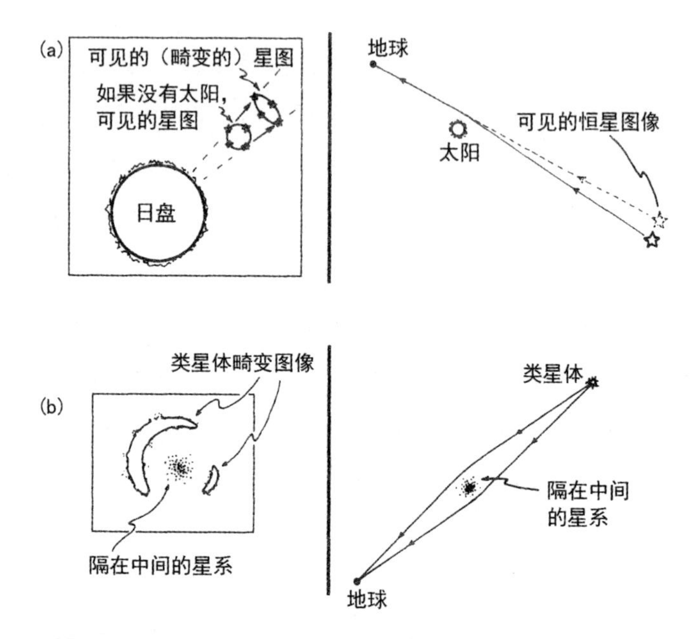

图 1.14 (a) 广义相对论下可直接观测的引力对光的影响。魏尔时空曲率表现为遥远的星图在太阳引力场作用下的弯曲变形。恒星组成的圆形图案畸变成了椭圆形。(b) 现在，爱因斯坦的光线弯曲效应成了观测天文学的重要工具。通过遥远类星体和我们之间的星系对星光的偏折，我们可以估算出这个星系的质量。

22 说——靠近地面的钟比塔顶上的钟走得慢。人们一直在通过实验测量这种效应，但这些实验都不太起眼——因为这种效应非常微弱，有好几种不同的理论都能得出同样的结果。

23 现在，情况发生了极大的变化——1993 年，赫尔斯和泰勒因为一系列出色的观测荣获诺贝尔物理学奖。图 1.15（a）描绘了一对名叫 PSR 1913 + 16 的脉冲双星——它由两颗中子星组成，其中每一颗都是质量与太阳相当，但直径只有几英里（1 英里≈1.61 千米）的密度极大的恒星。这两颗中子星绕着它们共同的引力中心，沿离心率极大的轨道运行。其中一颗拥有极强的磁场，摇摆的粒子释放的强辐射从 30 000 光年外传向地球，于是我们观测到了一系列很有规律的脉冲。我们对这些脉冲抵达地球的时间进行了非常精确的各种观测。特别值得注意的是，我们可以算出这两颗中子星轨道的所有特性，包括广义相对论带来的所有细微修正。

此外，广义相对论还拥有完全不存在于牛顿引力理论下的独特的性质。那就是互相绕轨道公转的天体会以引力波的形式向外辐射能量。引力波就像光波，但它们是时空中的涟漪，而不是电磁场中的。根据爱因斯坦的理论，我们可以精确计算出引力波从系统中带走能量的速率，双中子星系统损失能量的速率与观测结果精确吻合，如图 1.15（b）所示，这幅图描绘了我们通过二十多年的观察测量到的双中子星轨道周期缩短的现象。我们对这些信号的测量非常准确，二十年来，实际测量结果和理论计算值之间的误差大约只有 $1/10^{14}$。这让广义相对论成为科学史上经过了最精确验证的理论。

这个故事里有个启示——爱因斯坦花费自己生命中超过八年的时间来提炼广义相对论，不是出于观测或实验方面的需求。有时候人们会说：“啊，物理学家在他们的实验结果里寻找模式，于是他们发现了某种符合结果的漂亮理论。也许这解释了数学和物理为什么配合得那么融洽。”但在这个案例里，事情完全不是这样的。这个理论在最初被发展出来的时候绝对没有任何观测方面的动机——这是一套非常优雅的数学理论，它在物理方面的目的也很明确。关键在于，这套数学结构客观存在于自然界中，实际上，这套理论就摆在宇宙里——它不是被什么人强行外推到自然界里的。这是本章的基本要点之一。爱因斯坦揭示的是原

24

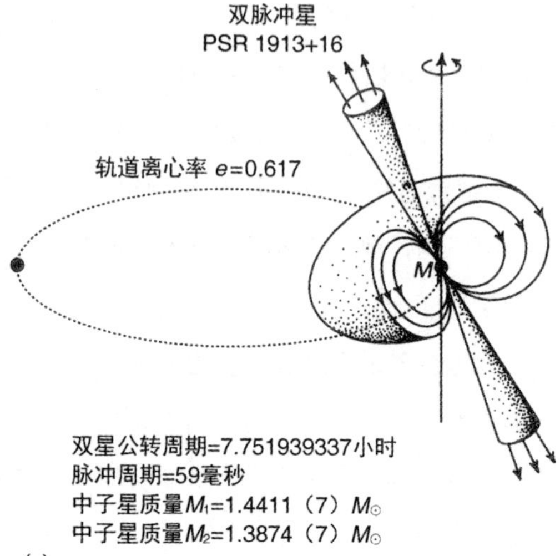
双脉冲星
PSR 1913+16
轨道离心率 e=0.617
M
双星公转周期=7.751939337小时
脉冲周期=59毫秒
中子星质量M1=1.4411（7）M⊙
中子星质量M2=1.3874（7）M⊙

(a)

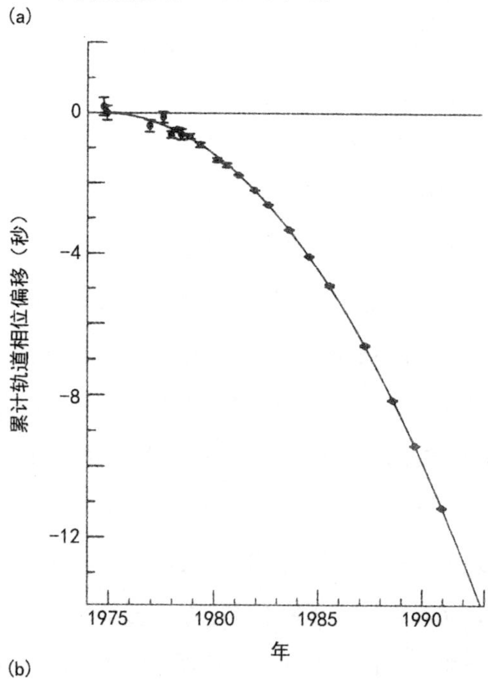
0
-4
-8
-12
累计轨道相位偏移（秒）
1975
1980
1985
1990
年

(b)

本已经存在的东西。而且他发现的不是什么物理学的边角碎料——而是我们在自然界里找到的最基本的东西：空间和时间的性质。

这里有个很清楚的例子——我们需要回溯一下我前面用来描述数学世界与物理世界关系的那幅示意图（图 1.3）。在广义相对论里，我们拥有某种真实隐藏在物理世界行为背后的准确度极高的结构。物理世界的这些基本特性往往不是通过对自然界行为的观察而发现的，尽管这显然是一种非常重要的手段。你必须准备好抛弃那些因为各种理由看起来颇具吸引力，却不符合事实的理论。但现在我们拥有的是一套近乎完美契合事实的理论。它的精度位数大约是牛顿理论的两倍，换句话说，据我们所知，广义相对论的精度是 $1/10^{14}$，而牛顿理论的精度只有 $1/10^{7}$。这种精度上的差距相当于牛顿理论从 17 世纪到今天的进步。牛顿知道，自己的理论精度大约是 1/1 000，而现在牛顿理论的精度已经提升到了 $1/10^{7}$。

26

当然，爱因斯坦的广义相对论只是一套理论。物理世界的结构到底是什么呢？我说过，这一章不会是植物园式的，如果我把宇宙当作一个整体来讨论，那就和植物园无关，因为我只会把宇宙看作一个整体，正如它呈现在我们面前的一样。爱因斯坦的理论推演出了由一个参数定义

图 1.15　(a) 双脉冲星 PSR 1913 + 16 的原理图。其中一颗中子星是射电脉冲星。无线电辐射沿着与中子星自转轴错位的磁偶极向外释放。当这束狭窄的无线电波从观察者的视野中扫过，后者就会观察到边界清晰的脉冲。利用（并验证）只存在于爱因斯坦广义相对论中的效应，人们非常精确地算出了这些脉冲抵达地球的时间，并由此推导出了这两颗中子星的性质。(b) 来自双脉冲星 PSR 1913 + 16 的脉冲抵达时间的相位变化，与双脉冲星系统释放的引力辐射本应引起的变化（实线）之间的对比。

的三种标准模型，这个参数实际上就是图 1.16 中的 κ。在我们讨论宇宙的时候，有时候还会出现被称为“宇宙常数”（cosmological constant）的另一个参数。爱因斯坦认为，将宇宙常数引入广义相对论方程是他犯下的最大的错误，所以我也会把它撇开。如果我们不得不把它请回来，呃，那也只好凑合一下了。

28

假如宇宙常数是零，那么由常数 κ 描述的三种宇宙模型如图 1.16 所示。在这幅示意图里，κ 的值是 1、0 和 -1，因为这些模型的其他所有特性都被压缩了。更好的办法是以宇宙的年龄或者说尺度为基准来讨论，这样我们就有了一个连续变量，但从本质上说，我们可以认为，这三种不同的模型由宇宙空间区域的曲率来定义。如果宇宙空间区域是平的，那么它们的曲率为零，$\kappa=0$［图 1.16（a）］。如果空间区域曲率为正，这意味着宇宙是自我封闭的，那么 $\kappa=+1$［图 1.16（b）］。在所有这些模型下，宇宙都有一个初始的奇点状态，即大爆炸（Big Bang），它标志着宇宙的诞生。但在 $\kappa=+1$ 的情况下，它会膨胀到一个最大的尺寸，然后缩小至大坍缩（Big Crunch）。反过来说，如果 $\kappa=-1$，宇宙就会永远膨胀下去［图 1.16（c）］。$\kappa=0$ 的情况是 $\kappa=1$ 和 $\kappa=-1$ 之间的分界线。我在图 1.16（d）中描绘了这三种宇宙模型下宇宙半径和时间的对应关系。半径可以被看作宇宙的某种典型标尺，如图所示，大坍缩只有在 $\kappa=+1$ 的情况下才会发生，而另外两种模型中的宇宙都会无限膨胀下去。

我想更详细地讨论一下 $\kappa=-1$ 的情况——它也许是三种模型中最难让人接受的一种。我之所以对这种情况特别感兴趣，原因有二。其一，根据现有的观察结果，如果不往深里挖掘，这个模型最合理。根据

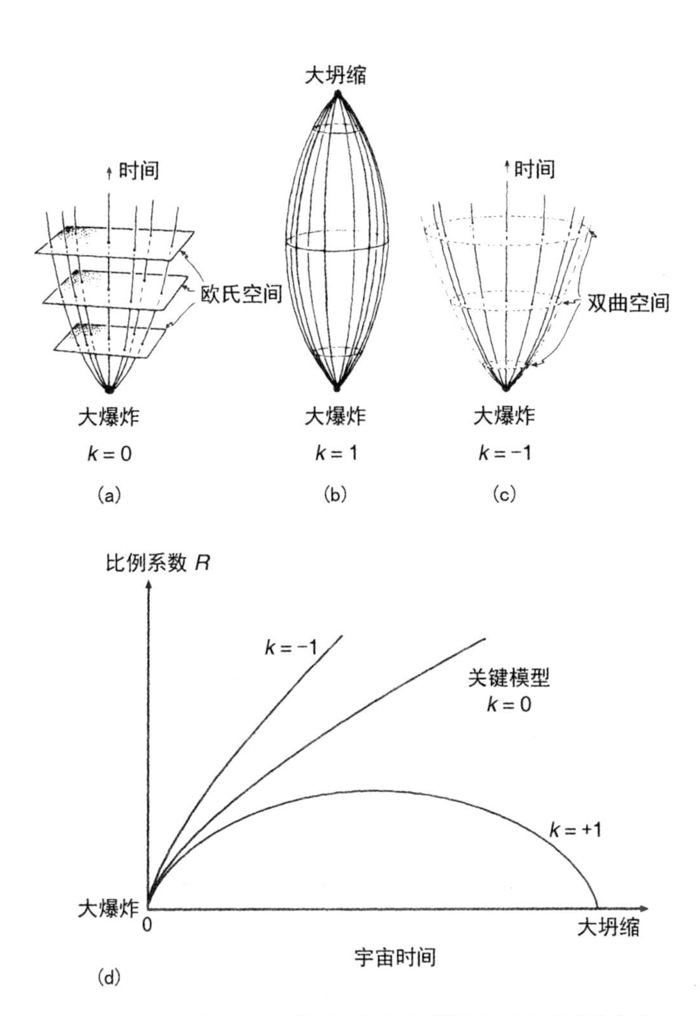

图 1.16　(a) 欧氏空间区域（用两个空间维度表示）的膨胀宇宙的时空图景：$\kappa = 0$。(b) 和 (a) 一样，球形空间区域的膨胀（然后收缩）宇宙：$\kappa = +1$。(c) 和 (a) 一样，双曲空间区域的膨胀宇宙：$\kappa = -1$。(d) 三种不同类型的弗里德曼模型的动态变化。

广义相对论，空间的曲率取决于宇宙中的物质数量，但目前我们发现的物质数量不足以形成一个几何上封闭的宇宙。好吧，也许的确存在我们尚未发现的大量暗物质，或者说隐藏的物质。在这种情况下，其他宇宙模型也可能成立；但是，如果不存在远远超过我们在星系的光学图像中看到的、额外的大量物质，那么宇宙就只能是 $\kappa=-1$ 的。还有一个原因是，我最喜欢这个模型！$\kappa=-1$ 的几何特性非常优美。

29

$\kappa=-1$ 的宇宙看起来是什么样的？它们的空间区域遵循所谓的双曲几何，或者说罗氏几何。想知道双曲几何什么样，最好的办法是看看埃舍尔的画作。他画了好几幅以“圆极限”（Circle Limits）为题的作

图 1.17　“圆极限 4”，M. C.埃舍尔绘（代表双曲空间）。

品，圆极限 4 如图 1.17 所示。这是埃舍尔描绘的宇宙——你可以看到，画面中满是天使和恶魔！值得一提的是，这个有极限的圆越往边缘走，看起来似乎就越拥挤。之所以会这样，是因为它将双曲空间画在了一张纸的普通平面上，换句话说，画在了欧氏空间里。你必须想象，所有这些恶魔大小和形状其实都一样，所以，如果你正好生活在这个宇宙中，那么你在示意图边缘看到的恶魔应该和中间的那些完全相同。这幅图让我们得以一窥双曲几何的特性——在你从图的中间向边缘行进的过程中，你必须想象，由于这幅几何图景经过了扭曲变形，实际上边缘的几何特性和中间完全相同，所以无论你怎么移动，你周围的几何图景始终保持不变。

这可能是一种最令人惊讶的定义完善的几何。但从某个角度来说，欧氏几何也同样奇妙。欧氏几何为数学和物理之间的关系提供了一个绝妙的例证。这种几何是数学的一部分，但希腊人还认为它是对世界的一种描述。后来我们发现，欧氏几何的确颇为准确地描述了物理世界——有那么一点不准，因为爱因斯坦的理论告诉我们，从很多角度来说，时空是略微弯曲的，但无论如何，欧氏几何对世界的描述已经相当准确。人们曾经担忧，其他的几何是否根本不可能存在。确切地说，他们担忧的是*欧几里得第五公设*（Euclid’s fifth postulate）。它可以重新表述为，如果平面上有一条直线，直线外有一个点，那么经过这个点且与第一条直线平行的线有且只有一条。人们曾经认为，这件事或许可以通过欧氏几何中其他更明显的公理得到证明，结果发现这不可能，由此衍生出了非欧几何。

在非欧几何中，三角形的内角和不等于 180°。这又会让你觉得事情肯

31 定会变得更复杂，因为欧氏几何中的三角形内角和等于 180°［图 1.18（a）］。但在非欧几何中，如果你用 180°减去三角形的内角和，你会发现这个差值与该三角形的面积成正比。在欧氏几何中，三角形的面积很难计算，公式中涉及各种角度和长度。而在非欧的双曲几何中，朗伯[①]贡献的漂

32 亮公式让我们能轻松算出三角形的面积［图 1.18（b）］。事实上，早在非欧几何被发现之前，朗伯就提出了这个公式，我一直不明白他是怎么做到的！

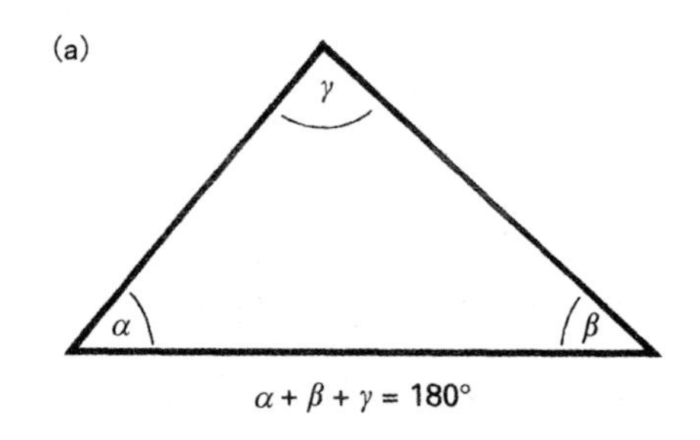

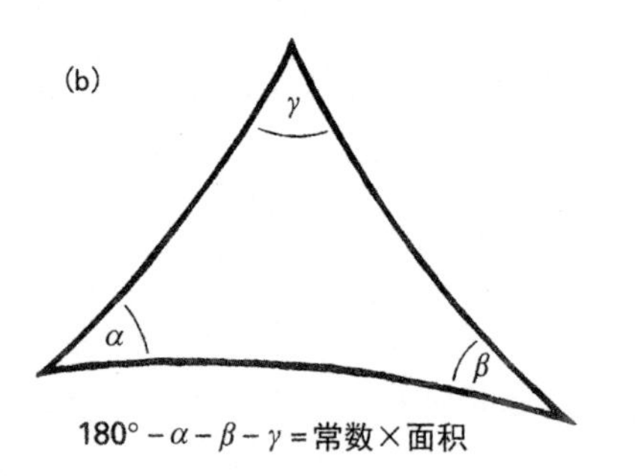

图 1.18 (a) 欧氏空间中的一个三角形。(b) 非欧空间中的一个三角形。

① 约翰·海因里希·朗伯（Johann Heinrich Lambert，1728—1777），德意志数学家、天文学家、物理学家和哲学家。贡献众多，包括首度证明了 π 是无理数。——编辑注

这里还有很重要的一点，和实数有关。实数绝对是欧氏几何的基础。实数基本是在公元前 4 世纪由欧多克索斯[①]引入的，时至今日，它仍伴随着我们。我们所有的物理学都由这些数字描述。正如我们后面将要看到的，物理学也需要复数，但复数的基础也是实数。

让我们通过埃舍尔的另一幅作品看看双曲几何如何运作。要帮助我们理解双曲几何，图 1.19 甚至比图 1.17 更好，因为这幅图里的“直线”更明显。它们被画成了以直角与圆周相交的弧线。所以，如果你是一个生活在双曲几何空间中的双曲人，你心目中的直线就是这些圆弧。你可

33

图 1.19 “圆极限 1”，M. C.埃舍尔绘。

① 欧多克索斯（Eudoxus，约前 400—约前 347），古希腊时代杰出的数学家、天文学家和地理学家。他首先引入“量”的概念，将“量”和“数”区别开来。他还是穷竭法的首创者，并用它证明了一些重要的求积定理。——编辑注

以在图 1.19 中清晰地看到它们——其中一部分经过圆心的直线在欧氏空间里也是直的，但其他直线都成了弯曲的弧线。图 1.20 绘出了一部分这样的“直线”。在这幅示意图里，我在贯穿图形的直线（直径）外标出了一个点。正如我指出过的，双曲人能经过这个点画出两条（以上）平行于直径的不同的线。因此，平行公设在双曲几何中不成立。除此以外，你还可以画几个三角形，然后通过内角和算出它们的面积。这也许能让你品尝到双曲几何的些许风味。

34 我再举一个例子。我说过我最喜欢双曲的罗氏空间。原因之一是，它的对称群和我们已经见过的洛伦兹群——狭义相对论的群，或者说相对论光锥的对称群——一模一样。为了让你看明白，我在图 1.21 里画了

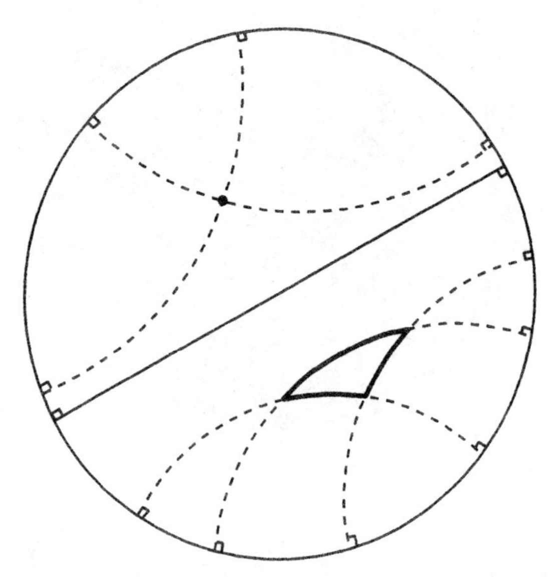

图 1.20 “圆极限 1”描绘的罗氏（双曲）几何空间的方方面面。

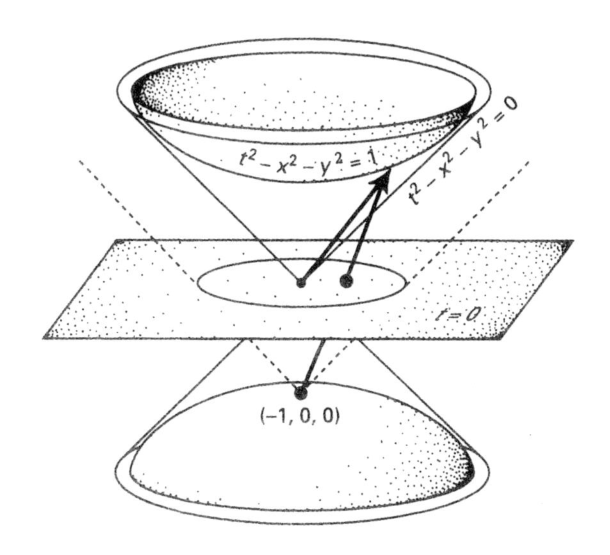

图 1.21　作为双曲分支嵌在闵氏时空中的罗氏空间。通过球面投影投射到庞加莱圆盘上，后者的边界是画在平面 $t=0$ 上的圆。

一个光锥，不过我还加了点料。为了在三维空间中画出这幅图，我不得不省略了一个空间维度。这个光锥由图中的通用方程描述：

$$t^2 - x^2 - y^2 = 0$$

35

在这个闵氏几何空间中，上下两侧的碗状面都距离初始平面一个“单位距离”（闵氏几何中的“距离”其实是时间——由时钟实际测量的固有时间）。因此，这两个面代表的是闵氏几何中的“球面”。我们发现，这个“球”的固有几何特性其实遵循罗氏（双曲）几何。如果欧氏空间中有个普通的球，你可以旋转它，由此产生的对称群就是旋转球体的对称群。图 1.21 的几何空间中的对称群是与图中所示的曲面相关的对称群，也就是旋转的洛伦兹群。这个对称群描述的是在时空中的某个固定点上，时间和空间如何互相转换——以不同的方式旋转时空。现在我们看到，在这个表述下，从本质上说，双曲空间的对称群和洛伦兹群完全相同。

图 1.21 描绘的是图 1.10（c）所示的球面投影在闵氏空间中的应用。原来的南极等同于现在坐标为（-1，0，0）的点，我们将上面那个碗状曲面上的点投影到 $t=0$ 的平面上，这个平面类似图 1.10（c）中的赤道平面。利用这种方法，我们将上方曲面上的所有点投影到 $t=0$ 的平面上。所有的投影点都落在 $t=0$ 平面上的一个圆盘里，有时候这个圆盘被称为庞加莱圆盘（Poincaré disk）。埃舍尔的圆极限图正是这样画出来的——将整个双曲（罗氏）面投影到庞加莱圆盘上。此外，这种投影的特性和图 1.10（c）中的投影完全相同——它保留了角度和圆，这一切都以一种很漂亮的几何方式呈现出来。唔，我可能被激情冲昏了头脑——但数学家迷上什么东西的时候往往就会这样！

36

有趣的是，当你迷上什么东西——譬如上述问题的几何学——的时候，你的分析及其结果就会拥有一种内在的优雅，而不具备这种数学优雅的分析会被排除掉。这正是双曲几何最优雅的地方。至少在我看来，如果宇宙真是这样的，那该多美啊。我要说的是，我之所以相信这一点，还有其他一些理由。别的很多人不喜欢这种开放的双曲宇宙——他们往往更喜欢封闭的宇宙，譬如图 1.16（b）描绘的那种，它既漂亮又温馨。呃，其实这些封闭的宇宙也很大。此外，很多人喜欢平坦的宇宙模型［图 1.16（a）］，因为根据一套名为暴胀理论（inflationary theory）的早期宇宙理论，宇宙的几何特性应该是平坦的。我应该说，我不太相信这些理论。

这三种宇宙的标准模型被称为弗里德曼模型（Friedman model），它们共同的标志性特征是，它们都非常非常对称。弗里德曼模型是最初的膨胀模型，但无论何时，宇宙都是处处均匀的。这个假设根植在弗里德曼模型的结构中，人们称之为宇宙学原理（cosmological principle）。无论你在哪里，弗里德曼宇宙在每个方向上看起来都一样。我们发现，从某种程度上说，现实中的宇宙的确如此。如果爱因斯坦的方程是对的，我也说过他的理论与观察结果高度吻合，那么我们就得严肃看待弗里德曼模型。所有弗里德曼模型都拥有一个尴尬的起点，也就是大爆炸，所有事情在这里都变得不对头了。宇宙的密度无限大，温度无限高，等等等等——这套理论里有的东西错得离谱。无论如何，如果你接受宇宙的确经历过这么一个极度灼热致密的阶段，你就能预测今天的宇宙中应该包含了多少热量，由此产生的推论之一是，现在我们周围应该存在一个均匀的黑体背景辐射。1965 年，彭齐亚斯和威尔逊发现的正是这种辐射。COBE 卫星对这种辐射［它被称为宇宙微波背景辐射（Cosmic Microwave Background Radiation）］光谱的最新观测表明，它拥有一个非常精确的黑体光谱（图 1.22）。

所有的宇宙学家都认为，这种辐射的存在证明了我们的宇宙的确经历过一个灼热致密的阶段。因此，这种辐射向我们透露了早期宇宙的某些特性——它携带的信息并不完整，但足以告诉我们，大爆炸的确发生过。换句话说，宇宙和图 1.16 所示的模型必然非常接近。

COBE 卫星发现了另一件重要的事情：尽管宇宙微波背景辐射高度均匀，而且它的特性在数学上都能得到很漂亮的解释，但宇宙并不是绝

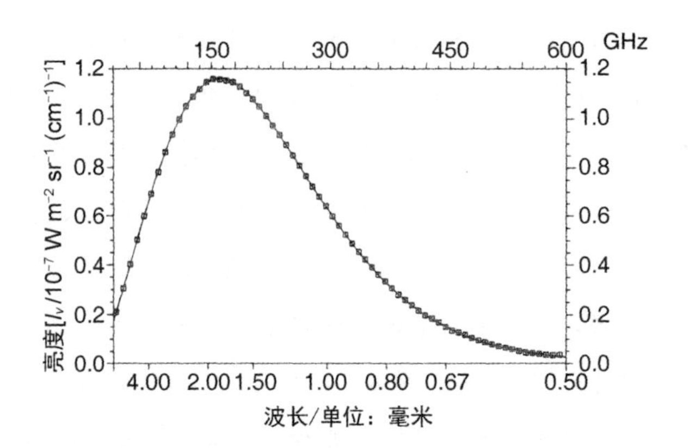

图 1.22 COBE 卫星测量的宇宙微波背景辐射光谱与预测的大爆炸辐射“热”特性（实线）高度一致。

对均匀的。这种辐射在天空中的分布存在细微但不容忽视的不均匀。事实上，我们预期早期宇宙中必然存在这种细微的不均匀——既然我们在这里观察宇宙，而我们肯定不是一团均匀的污渍，那么宇宙必然不那么均匀。宇宙很可能更类似图 1.23 中的样子。为了表明我的思想有多开明，我把开放宇宙和封闭宇宙都画了出来。

在封闭的宇宙中，这些不均匀会发展并形成现实中可观察的结构——恒星、星系，诸如此类——过了一段时间以后，恒星的坍缩、星系中央质量的积累等因素还会导致黑洞的形成。这些黑洞中心都有一个奇点，很像是大爆炸的反转。但事情没有这么简单。根据我们已经描绘出来的图景，初始的大爆炸是一种对称均匀的美好状态，但封闭模型的结局却是一团乱——在最终的大坍缩中，所有黑洞全都挤到一起，制造出一大片混乱［图 1.23（a）］。图 1.23（b）以电影胶片的形式描绘了这种封闭模型的演化概念图。而在开放宇宙模型中，黑洞依然会形成——这种模型也有一个初始奇点，黑洞中央还会形成更多的奇点［图 1.23（c）］。

我强调弗里德曼标准模型的这些特性是为了表明，虽然我们看到的是同一个初始状态，但它们在遥远未来的发展却大相径庭。这个问题涉及物理学的一条基本定律，即热力学第二定律（the Second Law of Thermodynamics）。 40

我们可以通过日常生活中的简单例子理解这条定律。假如有一杯酒放在桌子边缘。它可能从桌边坠落，摔成碎片，酒全都洒在地毯上（图 1.24）。这在牛顿力学中是件不值一提的小事，因为在牛顿理论框架下，这个过程不可能反转。无论如何，这样的事谁都没见过——你从没见过酒杯碎片自动拼好，酒自动离开地毯，回到拼好的杯子里。根据具体的物理定律，时间不管朝哪个方向流动都一样。要理解其中的区别，我们需要热力学第二定律，它告诉我们，系统的熵随时间而增大。杯子还在桌子上的时候，这种名为熵的量比它碎在地上的时候小。根据热力学第二定律，系统的熵增加了。大体说来，熵衡量的是系统的无序度。要更准确地表述这个概念，我们不得不引入相空间（phase space）的概念。 41

相空间是一个拥有许多维度的空间，这个多维空间里的每个点描述的都是被讨论的系统内所有粒子所处的位置和动量。在图 1.25 中，我们在这个巨大的相空间里选取了一个特定点，它代表所有粒子的位置和运动状态。随着粒子组成的系统逐渐演化，这个点会移动到相空间中的另一个地方，我在示意图中画出了它从相空间中的一个点移动到另一个点的曲折路线。

38

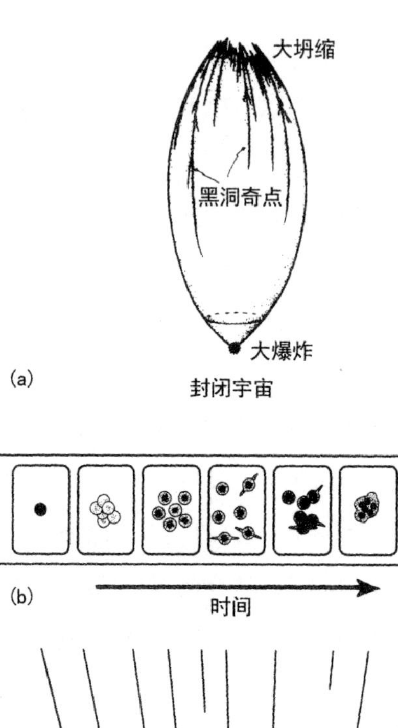

封闭宇宙

(b)

时间

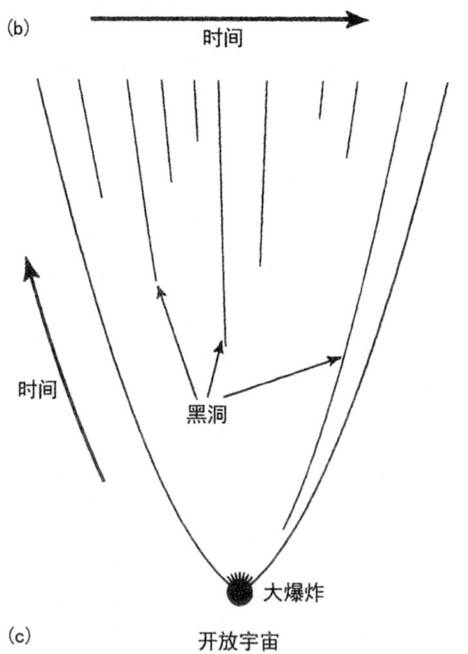

开放宇宙

这条弯弯扭扭的线代表着粒子组成的系统正常的演化过程。这里还没说到熵。要引入熵，我们必须用一个个小气泡划分区域，把你分不出来的不同状态归集到一起。乍看之下，这可能有点不好理解——你说的“分不出来”是什么意思？这难道不是取决于观察者是谁，以及他观察得有多仔细吗？呃，熵到底是什么，这是热力学里颇为棘手的问题之一。从本质上说，它要求你基于所谓的“粗粒度”（coarse-graining）对状态进行分组，也就是说，基于那些你分不出来的东西。比如说，你将相空间里某个区域内的所有东西归集到一起，然后对这个相空间的体积取对数，用它乘以玻尔兹曼常数（Boltzmann’s constant），就能得出熵的值。热力学第二定律告诉我们，熵会增长。它告诉你的事其实有点蠢——它说的是，如果某个系统从一个很小的盒子开始，而且有条件演化，它就会不断移动到越来越大的盒子里。这样的事情很可能发生，因为仔细看看这个问题，你会发现大盒子的确比旁边的小盒子大得多。所以，如果你发现自己已经在一个大盒子里了，实际上你根本不可能再回到小盒子里。事情就是这样。系统只会在相空间里飘荡，不断进入更大的盒子。热力学第二定律告诉我们的就是这个。或者还有别的？

42

实际上，这只是一半的解释。它告诉我们的是，如果我们知道系统现在的状态，我们就能推出该系统未来最可能的状态。但要是我们想用

图 1.23　(a) 封闭宇宙模型的演化，随着各种类型的天体走到演化的终点，黑洞开始形成。可以看到，这种模型最终会在大坍缩中迎来一片混乱的结局。图（a）中的事件序列以“电影胶片”的形式出现在图（b）里。(c) 开放模型的演化，可以看到不同时期黑洞的形成。

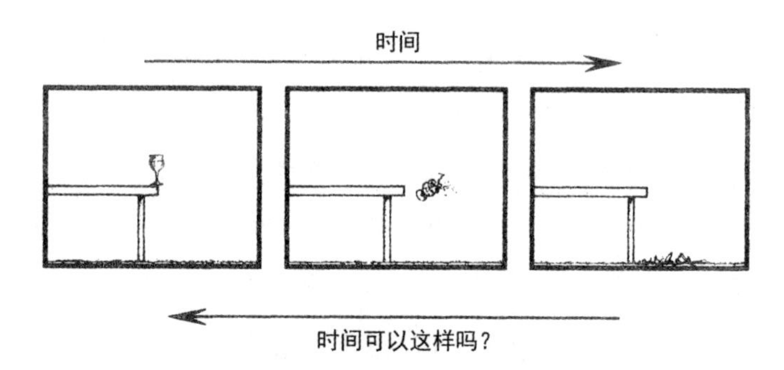

图 1.24　力学定律在时间上是可逆的；不过，从未有人见过这几幅图里的事件以从右到左的顺序发生，但从左到右却十分常见。

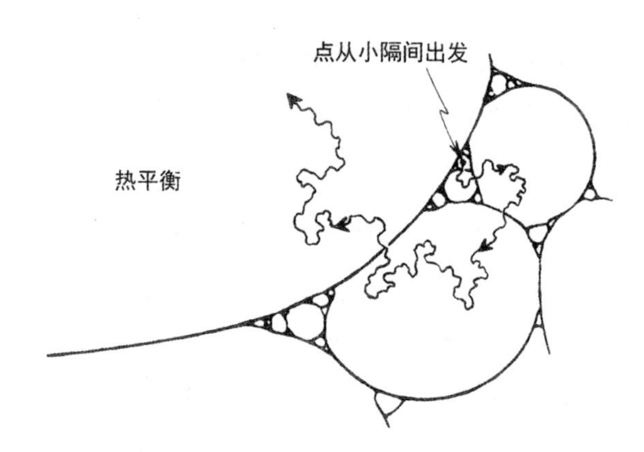

图 1.25　热力学第二定律的直观表现：随着时间流逝，相空间点不断进入更大的隔间，熵随之不断增大。

同样的方法往回推导，结果就会大错特错。假设杯子放在桌子边缘。我们可以问“它是怎么跑到那里去的，最可能的答案是什么?”如果你运用我们刚才介绍的原理逆向推导，你会说，最可能的情况是，起初它是地毯上的一大片碎玻璃，然后它自动离开地毯，回到桌子上拼回了原样。这个解释显然不对——正确的答案是，有人把它放在了那里。这个

43

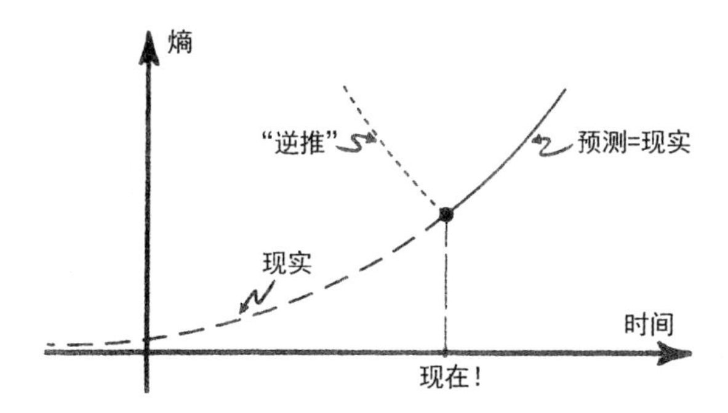

图 1.26　如果我们运用图 1.25 描绘的原理沿着时间逆流而上，我们就会“逆推”出过去的熵值也比现在高。这明显不符合观察结果。

人把杯子放在桌边是有原因的，这个原因又有其他缘由，以此类推。推理的链条向着过去熵越来越低的状态不断回溯。正确的物理曲线是图 1.26 中标着“现实”的那条（而不是标着“逆推”的那条）——越往回走，熵值越小。

系统不断向更大的盒子移动，这解释了未来的熵为什么会增加——但过去的熵为什么会减小，这又完全是另一回事了。过去必然存在某种拉低熵值的东西。是什么拉低了过去的熵？随着我们向过去回溯，熵变得越来越小，直到我们抵达大爆炸这个终点。

大爆炸必然拥有某种非常非常特别的东西，但它到底是什么，这个问题仍有争议。暴胀宇宙是一种很流行的理论，我说过我不相信它，但它的确拥有大量拥趸。根据这套理论，宇宙在大尺度上之所以如此均匀，是因为在宇宙膨胀的极早阶段应该发生过某些事情。在宇宙年龄大约只有 10^{-36} 秒的时候，它应该经历过一次极其猛烈的膨胀；按照暴胀

44

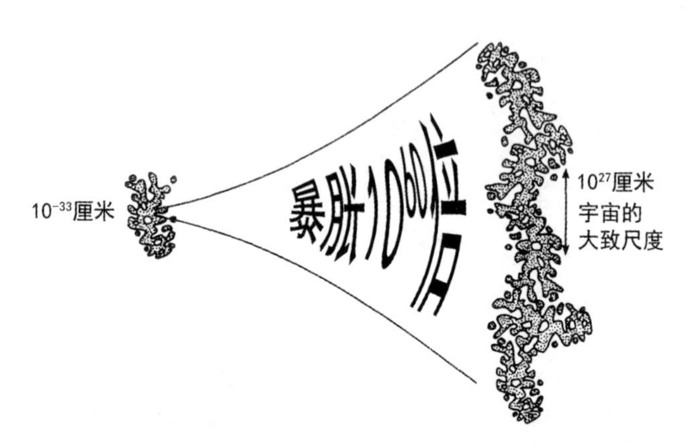

图 1.27　早期宇宙中“普遍”存在的不规律物的暴胀问题

理论的说法，无论极早阶段的宇宙原来长什么样，如果你让它膨胀一个极大的倍数，差不多有 10^{60} 倍，那么它看起来就是平坦的。事实上，这正是他们喜欢平坦宇宙的原因之一。

但这个假说并未完成它的使命——如果这个初始状态是随机选择的，它肯定一团乱；那么把这一团乱放大一个惊人的倍数，它只能还是一团乱。事实上，它膨胀得越厉害，看起来就越乱（图 1.27）。

所以这个假说本身无法解释宇宙为何如此均匀。我们需要一套能够

45

解释大爆炸本质的理论。我们不知道这种理论到底是什么，但我们知道，它必须综合了宏观和微观的物理学。它必须囊括量子力学和静电力学。除此以外，我还得说，在这套理论框架下，大爆炸必须是均匀的，就像我们观察到的一样。也许这样一套理论最终会推导出一个双曲的罗氏宇宙，正如我偏爱的图景，但我并不执着于此。

让我们再次回顾封闭宇宙和开放宇宙的图景（图 1.28）。除了这两

46

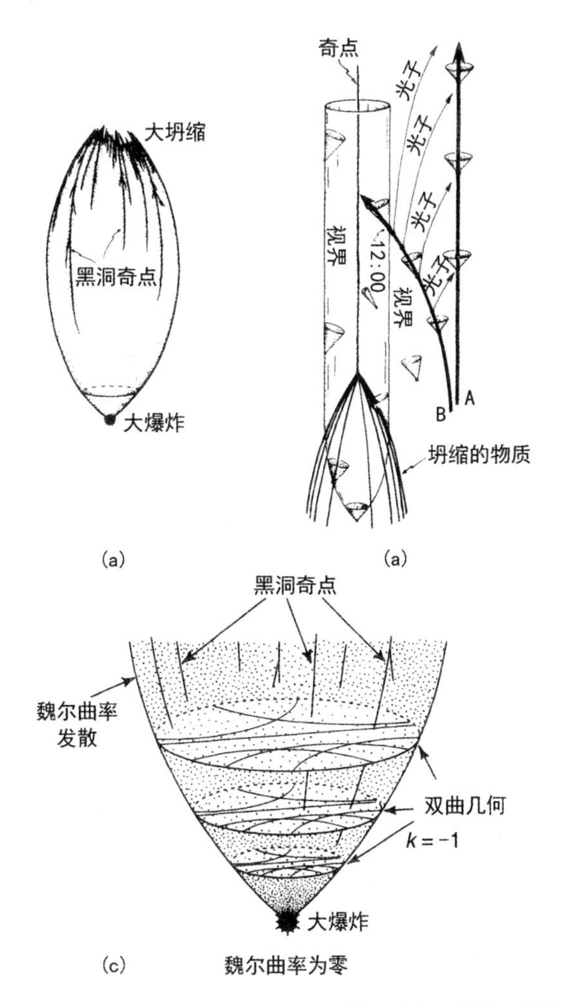

图 1.28　(a) 封闭宇宙的完整历史，始于均匀、低熵、**魏尔曲率** = 0 的大爆炸，终于高熵、**魏尔曲率**→∞ 的大坍缩——代表大量黑洞冻结。(b) 描绘物质坍缩成一个独立黑洞的时空图景。(c) 开放宇宙的历史，同样始于均匀、低熵、**魏尔曲率** = 0 的大爆炸。

种模型以外，我还画了一幅黑洞形成的示意图，专业人士对此应该很熟悉。物质坍缩到黑洞中，产生一个奇点，也就是宇宙时空示意图里的那些黑线。我想引入一个假说，我称之为魏尔曲率假说（Weyl curvature hypothesis）。它不涉及任何已知的理论。正如我说过的，我们不知道这种理论是什么，因为我们不知道该如何将宏观和微观的物理融合到一起。如果我们真的发现了这套理论，它应该拥有这样的特性，也就是我所说的魏尔曲率假说。还记得吗，魏尔曲率是黎曼张量的一部分，它造成了畸变和潮汐效应。出于我们尚未理解的某种原因，大爆炸发生后不久，这套仍待发现的融合理论必然导致魏尔张量接近于零，或者说，将它约束在一个非常小的值上。

这将为我们带来一个如图 1.28（a）或（c）所示的宇宙，而不是像图 1.29 那样。魏尔曲率假说是时间不对称的，它只适用于过去的奇点，不能用于未来的奇点。在封闭的宇宙模型中，我可以灵活地将魏尔张量 47 运用于未来，如果允许我“同样地”将它运用于过去，你将得到一个过去和未来一样混乱的可怕宇宙（图 1.29）。它看起来和我们现在生活的宇宙一点也不像。

宇宙拥有一个初始奇点——哪怕它看起来那么遥远——这件事完全出于偶然的概率是多少？答案是不到 $1/10^{10^{123}}$。这个数是怎么算出来的？48 它来自雅各布·贝肯斯坦（Jacob Beckenstein）和史蒂芬·霍金一个关于黑洞熵的方程，如果将它运用到我们现在讨论的问题里，就会得出这个数字大得不可思议的答案。它取决于宇宙到底有多大，事实上，如果你采用我偏爱的宇宙模型，这个数会变成无穷大。

这意味着你需要多么精确的安排，才能引发一场大爆炸？答案真的

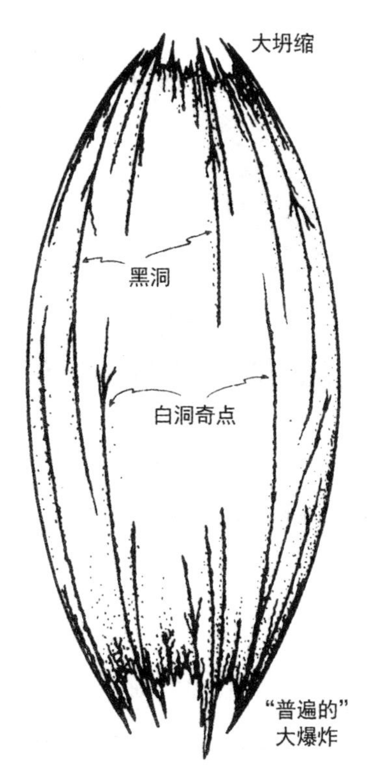

图 1.29　如果解除魏尔曲率 = 0 的约束，我们就会得到一个高熵、魏尔曲率 →∞ 的大爆炸。这样的宇宙里会有白洞出现，但没有热力学第二定律，和我们在现实中经历的完全不一样。

非常非常极限。我通过一幅漫画说明了这个概率到底有多小，为了创造一个类似我们现在生活的宇宙，造物主在相空间中寻找一个极小的点，它代表我们这个宇宙的初始条件（图 1.30）。要找到这个点，造物主必须在相空间中以 $1/10^{10^{123}}$ 的精度锁定它的位置。哪怕我在宇宙中的每个基本粒子上放一个零，都没法把这个数字完整地写出来。它大得超乎

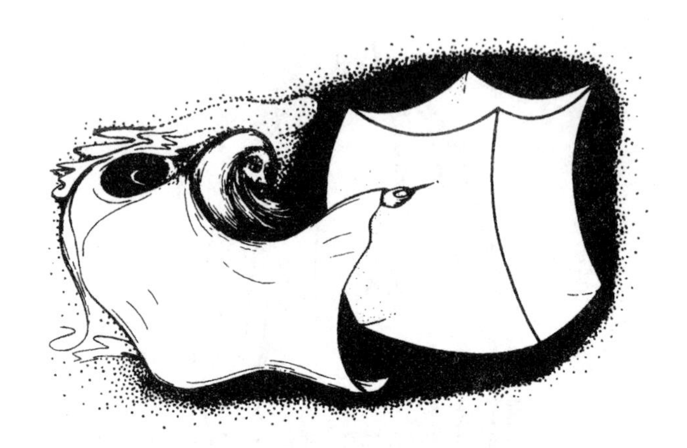

图 1.30　要创造出一个类似我们现在生活的宇宙，造物主必须在所有可能的宇宙中瞄准一个小得不可思议的相空间体积——最多不超过整个体积的大约 $1/10^{10^{123}}$。（图中的针和它瞄准的点都不是按比例绘制的！）

想象。

49　我一直在说精度——数学和物理学如何以极高的精度互相契合。我还谈到了热力学第二定律，人们往往觉得这条定律软绵绵的——它牵涉到随机性和概率——但它背后隐藏着某些非常精确的东西。如果将这条定律应用于宇宙，它必然与宇宙初始状态的设置精度有关。这样的精度又必然牵涉到量子理论和广义相对论的融合，哪怕我们还没有找到这套理论。不过在下一章中，我会告诉你这套理论应该包含哪些东西。

第 2 章 | 量子力学之谜

50

在第 1 章中，我阐明了物理世界的结构十分精确地依赖于数学，正如概念图 1.3 表现的那样。数学以惊人的准确度描述了物理学最基本的方方面面。尤金·维格纳[①]（1960）曾在一次著名的演讲中将之描述为：

> 数学在物理科学中不合理的有效性。

这方面的例子多得惊人：

> 欧氏几何以长度单位“米”为标尺时，哪怕在比氢原子直径还小的尺度上依然准确。正如我们在上次演讲中讨论过的，由于广义相对论效应的存在，欧氏几何并不绝对准确，但无论如何，从实际应用的层面上说，欧氏几何在大多数时候是非常精确的。
>
> 牛顿力学的精度，据我们所知大约是 $1/10^7$，但它也不是绝对准确的——要获得更准确的结果，我们还是需要相对论。
>
> 麦克斯韦电动力学适用的尺度范围极其广泛，它既能在粒子尺度上

① 尤金·保罗·维格纳（Eugene Paul Wigner，1902—1995），美籍匈牙利理论物理学家。由于“在原子核和基本粒子物理理论上的贡献，尤其是基本对称原理的发现与应用”，获得 1963 年诺贝尔物理学奖。——编辑注

51 与量子力学达成配合，又能适用于尺度高达 10^{35} 以上的遥远星系。

爱因斯坦的相对论被用来解释牛顿力学现象的情况下，正如第 1 章中讨论过的，我们可以说相对论的精度大约是 $1/10^{14}$，它的位数差不多是牛顿力学精度数字的两倍。

量子力学是本章的主题，这也是一套精度极高的理论。量子场论综合了量子力学、麦克斯韦电动力学和爱因斯坦的狭义相对论，这套理论对各种效应的计算精度能达到 $1/10^{11}$ 左右。比如说，以所谓的“狄拉克单位”（Dirac unit）来衡量，电子磁矩的理论预测值是 1.001 159 652（46），而实际的测量值是 1.001 159 652 1（93）。

这些理论揭露了一件重要的事情：数学不仅极其有效、准确地描述了物理世界，而且在构建物理理论的过程中，数学本身也结出了累累硕果。我们常常发现，数学领域中某些最有成果的概念实际上是以物理理论为基础的。下面这些都是由物理理论的需求催生出来的数学类型：

- 实数；
- 欧氏几何；
- 微积分和微分方程；
- 辛几何（symplectic geometry）；
- 微分形式和偏微分方程；
- 黎曼几何和闵氏几何；
- 复数；
- 希尔伯特空间；（52）
- 函数积分；

等等等等。

这方面最令人震惊的例子是微积分的发现。为了给我们今天所说的牛顿力学奠定数学基础，牛顿等人发展出了微积分。后来，当人们使用这些工具来解决纯粹的数学问题时，发现它们在数学自身的领域里也很有成效。

在第 1 章中，我们审视了物体的尺度，从普朗克长度和普朗克时间（最基本的长度和时间单位），到粒子物理中最小的尺寸（它差不多比普朗克尺度大 10^{20} 倍），再到人类的长度和时间尺度（表明我们是宇宙中非常稳定的结构），直到物理宇宙的年龄和半径。我提到了那个让人很烦恼的事实：在我们对基础物理学的描述中，我们采用了两种很不一样的方式来描述世界，具体取决于讨论对象是宏观的还是微观的。图 2.1（它和图 1.5 一样）表明，我们使用量子力学来描述微观量子层面的活动，使用经典力学来描述大尺度的现象。我把量子层面的活动标记为 U，它代表“幺正”（Unitary），经典层面的活动标记为 C。我在第 1 章中讨论了宏观尺度的物理学，并强调了宏观和微观层面上的定律似乎很不一样。

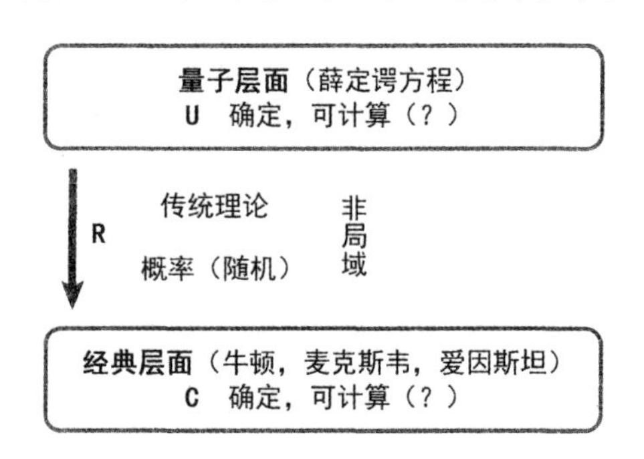

图 2.1

我以为，物理学家普遍认为，如果我们真的理解了量子力学，就能 53 从中推出经典力学。但我有不同的意见。实际上我们不是这样做的——经典层面和量子层面你只能二选一。这就像古希腊人对世界的理解一样让人心烦。在他们眼里，有一套规则适用于地上的世界，天上的事则遵循另一套规则。伽利略和牛顿将这两套规则融为一体，让人们看到，天上和地上的事情可以用同一套物理学术语来解释。现在我们似乎落入了古希腊人的境地，我们有一套规则适用于量子层面，经典层面则遵循另一套规则。

关于图 2.1 可能有个误解，我应该澄清一下。我把牛顿、麦克斯韦、爱因斯坦的名字放在标着“经典层面”的方框里，下面还有一个词，“确定的”。我并不是说他们相信宇宙的行事方式是确定的。我们有理由认为，牛顿和麦克斯韦的观点并非如此，但爱因斯坦显然是。“确定的，可计算的（?）”，这个标签描述的只是他们的理论，而不是科学家本人对物理世界的看法。在标着“量子层面”的方框里，我写了“薛定谔方 54 程”，但我确定他并不完全相信以自己为名的方程所描述的物理学。这件事我后面再讲。换句话说，人和以他为名的理论完全是两回事。

呃，现实中这两个层面真的就像图 2.1 里那样泾渭分明吗？我们很可能会问：“单靠量子力学真能精确主宰宇宙吗？我们能不能用量子力学的术语解释整个宇宙?”要讨论这个问题，我应该先介绍一下量子力学。首先，我简短列出了量子力学能解释的一些事。

- *原子的稳定性*　量子力学被发现之前，人们并不理解原子内部的电子为什么不会螺旋坠向原子核，如果完全按照经典力学的描述，它们就应该这样。经典力学下应当不存在稳定的原子。

- 光谱线　原子内部量子化能级的存在和它们的转换，产生了我们观察到的波长定义精准的辐射谱线。
- 黑体辐射　理解黑体辐射光谱的前提是，辐射本身必须是量子化的。
- 遗传的可靠性　这取决于 DNA 分子层面上的量子力学。
- 激光　激光器的运作依赖于分子的量子力学态之间受激量子跃迁的存在，以及光的量子（玻色-爱因斯坦）特性。
- 超导体和超流体　这些发生在极低温下的现象涉及各种物质的电子（及其他粒子）之间的远距离量子关联。

55

等等等等。

换句话说，量子力学无处不在，无论是在日常生活中，还是在众多高科技领域的核心地带，包括电子计算机在内。综合了量子力学和爱因斯坦狭义相对论的量子场论也是理解粒子物理的关键所在。如上所述，据我们所知，量子场论的精度大约是 $1/10^{11}$。这张单子说明了量子力学有多了不起、多么强大。

请容我介绍一下量子力学到底是什么。它的原型实验请见图 2.2。根据量子力学，光由名叫“光子”（photon）的微粒组成，示意图里画了一个光子源，我们假设它每次释放出一个光子。光源前方有 t 和 b 两条狭缝，再往前是一块屏幕。每个光子到达屏幕都是一次独立的事件，它会像普通的粒子一样被探测到。奇妙的量子行为就这样出现了。如果只打开狭缝 t，关闭另一条狭缝，那么光子可以到达屏幕上的很多地方。现

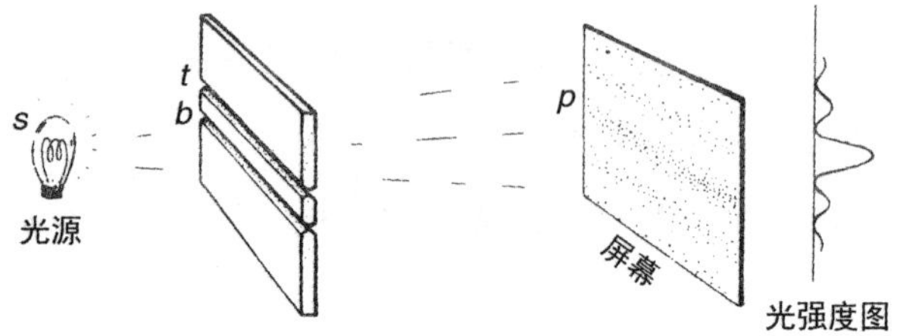

图 2.2　双缝实验，由单色光的独立光子完成。

在，如果我关闭狭缝 *t*，打开狭缝 *b*，我可能依然发现，光子可以到达屏幕上同样的点。但是，如果我把两条狭缝都打开，并在屏幕上仔细选择一个点，那么现在，我可能发现光子无法到达这个点，哪怕它在单独打开任意一条狭缝时都能到达这里。不知为何，光子本来可能做到的两件事互相抵消了。经典力学中不会出现这样的行为。要么这样，要么那样——不会有两件原本都可能发生的事情莫名其妙地达成密谋，互相抵消。

量子理论对这个实验结果的解释是，光子从光源前往屏幕的途中，它的状态不是穿过这条狭缝或那条狭缝，而是这两者的某种神秘叠加，可以用复数来表达。也就是说，我们可以把这个光子的状态描述为：

56

w×（可选项 A）+**z**×（可选项 B）

w 和 **z** 都是复数。（在图 2.2 里，“可选项 A”可以代表光子走 *stp* 这条路径，“可选项 B”则代表路径 *sbp*。）

现在，与两个选项相乘的是复数，这一点很重要——这正是它们能够互相抵消的原因。你可能觉得自己可以算出光子完成此行为或彼行为的概率，从而将 **w** 和 **z** 化为衡量概率的实数。但这种解释是不对的，因

为 **w** 和 **z** 都是复数。这是量子力学的一个重要特点。你不能把量子微粒类似波的特性解释为可选项的“概率波”。它们是可选项的复合波！现在，除了普通的实数以外，复数还涉及 -1 的平方根，即 $\mathbf{i}=\sqrt{(-1)}$。复数可以用二维坐标表示，其中纯实数落在 X 轴上，即实轴，纯虚数落在 Y 轴上，即虚轴，如图 2.3（a）所示。一般来说，复数是纯实数和纯虚数的结合，例如 $2+3\sqrt{(-1)}=2+3\mathrm{i}$，它可以表示为图 2.3（a）坐标系内的一个点，这样的坐标系通常被称为阿干特图（Argand diagram，又名韦塞尔平面，或高斯平面）。

每个复数都能表示为图 2.3（a）上的一个点，复数的加法和乘法遵循各种规则。比如说，要让复数相加，你只需要运用平行四边形定则（parallelogram rule），即实部和虚部分别相加，如图 2.3（b）所示。你也可以运用相似三角形定则（similar-triangle rule）将两个复数相乘，如图 2.3（c）所示。当你熟悉了图 2.3 里的这些几何图形以后，复数就从抽象的概念变成了实在得多的东西。这些数字奠定了量子理论的根基，这一事实常常让人觉得量子理论是一种相当抽象、不可知的东西，但只要你习惯了复数，尤其是你能在阿干特图上熟练地摆弄它们以后，这些数字就成了很实在的东西，不再让你心存顾虑。

但是，量子理论不仅仅是由复数衡量的叠加态那么简单。截至目前，我们仍停留在量子层面上，这个层级的规则我称为“**U** 应用”。在这个层面上，系统的状态取决于一个衡量所有叠加的可能性的复数。这种量子态在时间中的演化被称为幺正演化（unitary evolution，或者薛定谔演化）——**U** 正是“幺正”的缩写。**U** 的一个重要特性是线性（linear）。

58

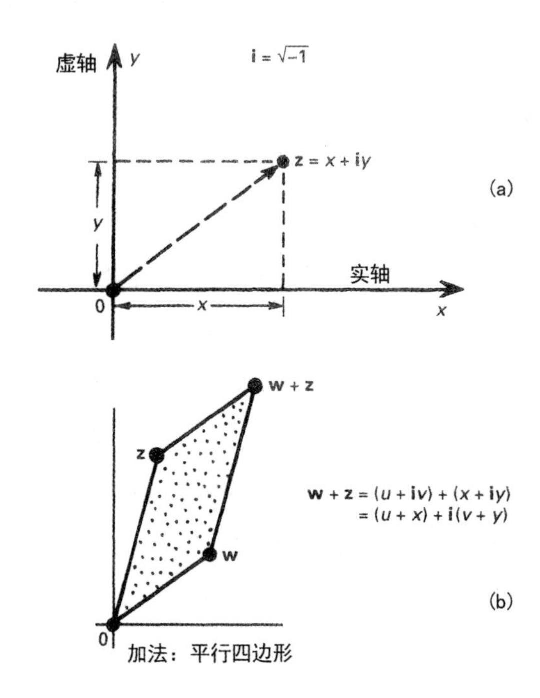

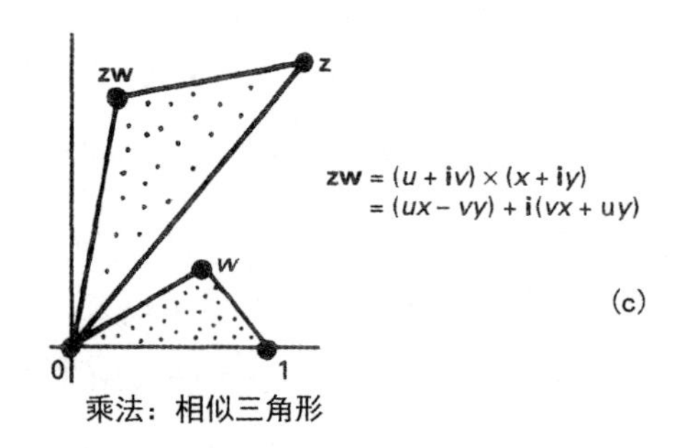

图 2.3 (a) 将一个复数表示在（韦塞尔-阿干特-高斯）复平面上。(b) 复数相加的几何描述。(c) 复数相乘的几何描述。

这意味着两个状态的叠加态演化的方式总是和它们分别演化的时候一样，但二者的叠加总是由同一个复数来衡量，不会随时间而改变。这种线性是薛定谔方程的基本特征。在量子层面上，衡量叠加态的复数总是恒定不变的。

59

但是，如果你把观察对象放大到经典层面，规则就变了。所谓的放大到经典层面，我指的是从 U 层级的最顶层放大到 C 层级的最底层，如图 2.1 所示——举个现实的例子，这相当于你盯着屏幕上的一个点看。小尺度的量子事件激发了能让你在经典层面上看到的尺度更大的现象。在经典量子理论中，你所做的事相当于从橱柜里推出了人们不愿过多提及的某样东西。它就是所谓的波函数坍塌，或者说态矢量还原——我用字母 **R** 来指代这个过程。你做的事完全不同于幺正演化。在两种可选项的叠加态下，你看着这两个复数，并取了它们的模的平方——这意味着在阿干特平面中取原点到这两个点的距离的平方——这两个平方模就成了两种可选项发生的概率之比。但这只有在你“进行测量”或者“进行观察”时才会发生。你可以认为，这就是图 2.1 所示的将现象从 **U** 层级放大到 **C** 层级的过程。通过这个过程，你改变了规则——你不再维持这种线性的叠加态。突然，这些平方模之比变成了概率。只有在从 **U** 到 **C** 的过程中，你才引入了不确定性（non-determinism）。这种不确定性伴随 **R** 而来。**U** 层面上的所有事都是确定的——量子力学只有在你进行所谓的“测量”时才会变得不确定起来。

60

所以，这就是人们在标准量子力学中使用的方案。把这种方案放在一套基本理论上，显得十分奇怪。如果它只是对另一种更基本理论的模拟，那可能更合理，但所有专业人士都认为，这种混合过程本身就是一种基本理论！

关于这些复数的事，请容我再多说两句。起初它们看起来很抽象，直到你取了它们的模的平方，然后它们就变成了概率。事实上，它们还拥有一种鲜明的几何特征。我想给你举个例子，好让你理解得更清楚一点。在此之前，请容我再介绍一点量子力学。我会使用这些看起来有点奇怪的符号，它们名叫“狄拉克符号”（Dirac bracket）。这些符号可以帮助我们方便地描述系统的状态——如果我写下｜ A＞，这代表系统的量子态是 A。括号中间描述的是系统的量子态。系统的整体量子力学态常常写作 ψ，它是其他态的某种叠加态，所以双缝实验的方程可以写作：

$$|\psi\rangle = \mathbf{w}|A\rangle + \mathbf{z}|B\rangle$$

现在，在量子力学中，我们感兴趣的是这两个数字之比，而不是它们本身的大小。按照量子力学规则，你可以用这个态去乘一个复数，这不会改变它的物理状况（只要这个复数不是零）。换句话说，只有这两个复数的比值才拥有直接的物理意义。**R** 出现后，我们观察概率，这时候需要用到平方模之比，但只要停留在量子层面上，我们就能直接使用这些复数自身的比值，甚至不需要取它们的模。黎曼球面是将复数表示在球面上的一种方式［图 1.10（c）］。更确切地说，我们要应对的不光是复数，还有复数的比值。我们必须小心处理比值，因为分母里可能出现值为零的项，于是比值就会变成无穷大——这种情况我们也必须处理。我们可以通过这种非常巧妙的投影将所有复数，包括无穷在内，放到一个球面上，现在阿干特平面成了赤道平面，它在球面上切割出一个单位圆，也就是球面的赤道（图 2.4）。显然，从南极出发，我们可以把

61

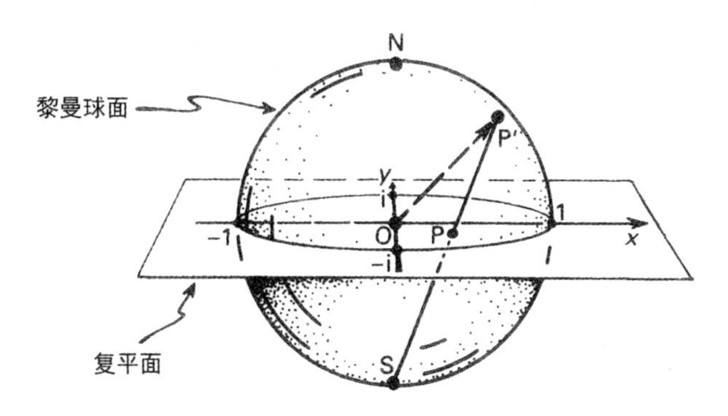

图 2.4　黎曼球面。点 P 代表复平面上的 u＝z/w，它从南极点 S 被投影到球面上的点 P′。从球心 O 出发，OP′的方向就是两个 $\frac{1}{2}$ 自旋的粒子叠加态的转轴方向。

赤道平面上的每个点投影到黎曼球面上。如图所示，在这种投影中，黎曼球面的南极相当于阿干特平面上的“无穷远点”。

62

如果一个量子系统有两种可能态，那么这两种可能态结合产生的不同态可以表示为一个球——在这个阶段，它还是个抽象的球——但在某些情况下，你可以亲眼看到它。我很喜欢下面这个例子。如果我们有一个 $\frac{1}{2}$ 自旋的粒子，比如说，一个电子、一个质子或者一个中子，那么它们的自旋态的各种组合可以具象为几何图形。$\frac{1}{2}$ 自旋的粒子可能拥有两种自旋态，其中一种的旋转矢量向上（上旋态），另一种旋转矢量向下（下旋态）。这两种态的叠加可以表达为这个方程：

$$|\nearrow\rangle = \mathbf{w}\,|\uparrow\rangle + \mathbf{z}\,|\downarrow\rangle$$

这些自旋态的不同组合形成了绕其他轴的旋转，如果你想知道转轴的具体位置，可以取复数 **w** 和 **z** 的比值，于是你会得到另一个复数，**u**=**z**/**w**。你把这个新的数字 **u** 放在黎曼球面上，从球心到这个复数的方向就是转轴的方向。所以你看，量子力学里的复数并不像乍看之下那么抽象。它们拥有相当实在的含义——有时候这些含义不太好挖掘，但在 $\frac{1}{2}$ 自旋粒子的案例里，它的含义相当明显。

对 $\frac{1}{2}$ 自旋粒子的分析还告诉了我们别的一些东西。上旋和下旋没什么特别的。我本来可以随意选择其他转轴方向，比如说左右，或者前后——不会有任何区别。这意味着作为起点的两种态也没什么特别的（只有一点，选定的两种自旋态应该相反）。根据量子力学规则，其他任何自旋态都和刚才这两种一样可以作为讨论的基础。刚才的例子清楚地说明了这一点。

63

量子力学是一门清晰美丽的学科。但它也有很多未解之谜。它当然是一门不可思议的学科，而且从很多角度来说，它也是一门令人迷惑，或者说自相矛盾的学科。我想强调的是，这些谜团分为两个不同种类，我称之为 Z 型谜团和 X 型谜团。

Z 型谜团是未解的谜题——它们真切地存在于现实世界中，一些优秀的实验告诉我们，量子力学的确会表现出这些神秘的行为。也许这些效应中有一部分尚未得到完整的验证，但人们很少怀疑量子力学的正确性。这类谜团包括我前面提到过的波粒二象性（wave-particle duality）、我很快就将谈到的零作用测量（null measurement）、我刚刚说过的自旋

（spin）和我很快也会谈到的非局域效应（non-local effect）等现象。这些现象的确令人迷惑，但很少有人质疑它们的真实性——它们当然是自然界的一部分。

但还有一些被我称为 *X* 型谜团的问题。这些谜团自相矛盾。在我看来，它们的存在意味着这套理论不完善、有错误或者缺了什么东西——它需要更多关注。基本的 *X* 型谜团包括我上面讨论过的测量问题（measurement problem）——正如其名，它描述的是当我们从量子层面进入经典层面，即从 **U** 到 **R** 的过程中，规则发生变化的事实。如果我们对量子系统行为的广阔和复杂程度有更深入的了解，是否就能理解 **R** 这个步骤为什么会出现，比如说，也许它是某种近似物，或者说幻觉？最著名的 *X* 型悖论是薛定谔的猫（Schrödinger's cat）。在这个实验中——我强调一下，这是个思想实验，因为薛定谔十分仁慈——这只猫同时处于一种既死又活的状态中。你不会在现实中看到这样的猫。这个问题我稍后再进一步讨论。 64

我的观点是，我们必须学着快乐地忽略 *Z* 型谜团，但等到我们发展出更好的理论，*X* 型谜团理应被排除掉。我强调一下，我对 *X* 型谜团的这种观点非常个人化。很多人对量子理论的这些（显而易见的?）悖论有不同的看法——或者我应该说，有许多不同的看法！

在我开始讨论更严肃的 *X* 型谜团问题之前，请容我多说两句 *Z* 型谜团。我打算讨论两个最让人惊讶的 *Z* 型谜团。其中之一是量子的非局域性问题（quantum non-locality），或者按照某些人更喜欢的说法，量子纠缠（quantum entanglement）。这是一件十分诡异的事情。这个想法最初来自爱因斯坦和他的两位同事，波多尔斯基（Podolsky）和罗森

(Rosen)，所以它被称为 EPR 实验。这个实验可能最容易理解的版本是由戴维·玻姆[①]提出的。一个 0 自旋的粒子分裂成了两个$\frac{1}{2}$自旋的粒子，比如说一个电子和一个正电子，它们朝相反的方向飞出。然后我们在相距遥远的两个点 A 和 B 分别测量这两个粒子的自旋态。约翰·贝尔[②]提出的一条著名定理告诉我们，量子力学关于 A 和 B 两点测量结果综合概率的期望，不符合任何“局域现实”的模型。我所说的“局域现实”模型，指的是任何将 A 点的电子和 B 点的正电子当成两回事、独立起来分别考虑的模型——它们从任何意义上说都没有联系。基于这一假设得出的 A 和 B 两点测量结果的综合概率不符合量子力学。对于这一点，约翰·贝尔说得很清楚。这是一个非常重要的结果，后来的实验，例如阿兰·阿斯佩在巴黎做的实验，也确认了量子力学的这种预测。图 2.5 描绘了这个实验，并讨论了从一个中央光源向相反方向发射的光子对的偏振态。

65

直到从光源出发的光子抵达 A 点和 B 点的探测器，才能确定在哪个方向上测量每个光子的偏振。这些实验的结果清晰地表明，在 A 点和 B 点测得的光子偏振态的综合概率符合量子力学的预测，也符合大多数人（包括贝尔本人在内）的预期，但不符合原本天然存在的假设：这两个光子是相互独立的对象。阿斯佩实验确认了相距约 12 米的量子纠缠效应。我听说，现在已经有一些量子密码学实验，将类似效应发生的距

66

① 戴维·约瑟夫·玻姆（David Joseph Bohm，1917—1992），美国量子物理学家和科学思想家。——编辑注

② 约翰·斯图尔特·贝尔（John Stewart Bell，1928—1990），爱尔兰物理学家，发展了量子力学中重要的贝尔定理。——编辑注

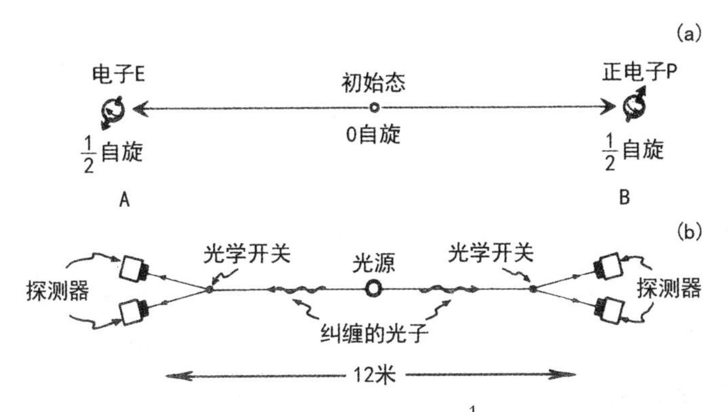

图 2.5　(a) 一个 0 自旋的粒子衰变成两个$\frac{1}{2}$自旋的粒子，即一个电子 E 和一个正电子 P。测量其中一个$\frac{1}{2}$自旋粒子的自旋态显然会立即确定另一个粒子的自旋态。(b) 阿兰·阿斯佩和同事的 EPR 实验。从光源向外发射的光子对处于一种纠缠态。直到光子到达终点，才能确定在哪个方向上测量每个光子的偏振——这时候已经来不及传递信息给对面的光子，告诉它测量的方向。

离扩大到了千米以上的量级。

我应该强调的是，在这些非局域效应的案例里，尽管事件分别发生在两个不同的点 A 和 B，但它们却以某种神秘的方式联系在一起。它们联系——或者说纠缠——的方式十分微妙。你无法利用这种纠缠将一个信号从 A 送到 B，要维持量子理论和相对论的一致性，这一点非常重要。不然的话，利用量子纠缠，我们传递信息的速度就有可能超过光速。量子纠缠是件很奇怪的事情。它介于物体相互独立和相互联系之间——这是一种纯粹的量子力学现象，经典物理学中没有类似的东西。

Z 型谜团的第二个例子是零作用测量。伊利泽-威德曼炸弹测试问题就是个很好的范例。假设你是某个恐怖组织的一名成员，你发现了一大堆炸弹。每枚炸弹头上都有一根非常灵敏的导火索和一面小镜子，如果这面镜子接收到了哪怕一个可见光的光子，由此产生的冲击都足以让炸弹发生猛烈的爆炸。但是，这一大堆炸弹里有相当一部分哑弹。这些哑弹非常特别。问题在于，它们头上装着镜子的活塞因为加工缺陷被卡住了，无法被照射到镜子上的光子推动，所以这些哑弹不会爆炸［图 2.6（a）］。关键在于，现在哑弹头上的镜子就是一面普通的固定镜，而不是引爆机关里的可动元件。所以，问题来了——如何在一大堆包含了一定数量哑弹的炸弹里找出一枚好的。在经典物理学里，这就是个不可能完成的任务。要确定某枚炸弹是不是好的，唯一的办法是摇晃导火索，让炸弹爆炸。

67

奇妙的是，量子力学能让你验证某个并未发生的事件原本是否可能发生。它验证的是哲学家们所说的反事实（counterfactual）。值得注意的是，量子力学允许反事实引发现实的效应！

请容我介绍，你该怎么解决这个问题。图 2.6（b）描绘了伊利泽和威德曼于 1993 年提出的最初的解决方案。假设我们有一枚哑弹。它的镜子被卡住了——这只是一面固定镜——所以哪怕有光子照射到这面镜子上，它也不会产生明显的摇晃，炸弹也不会爆炸。我们设置了如图 2.6（b)所示的实验装置。被释放出来的光子先到达一面半透半反镜。这种镜子允许一半的光线通过，同时反射另一半。你可能觉得照到这面镜子上的光子有一半会穿过去，另一半则被反射回去。但在量子层面上，单个光子的行为完全不是这样的。事实上，从光源独立发射出来的每一个光子都处于两条可选路径的量子叠加态：它要么能通过，要么被反射。炸弹的镜子被安置在与穿过镜子的光子路径成 45°角的位置上。被半透镜反射的那部分光子会照射到另一面同样以 45°角放置的全反射镜

68

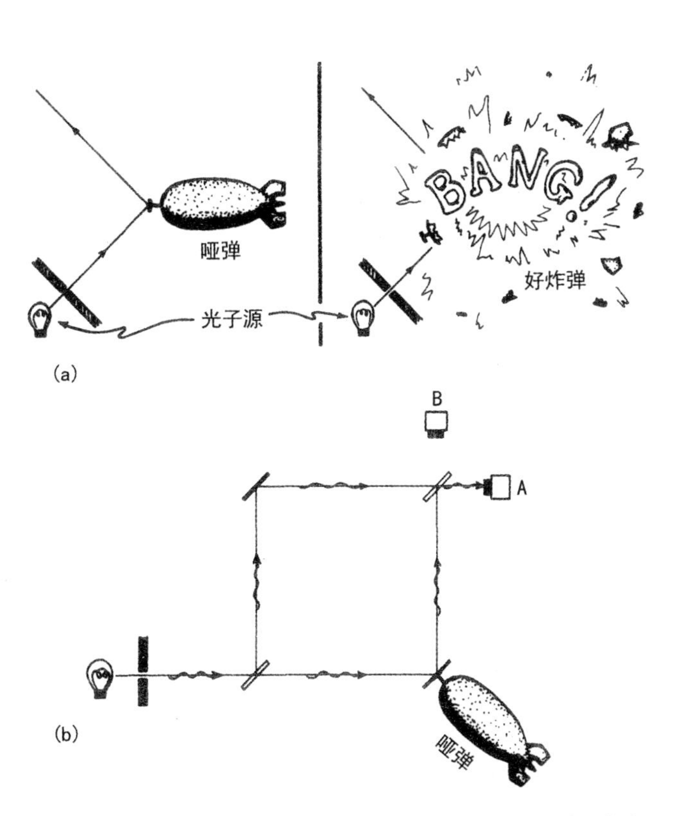

图 2.6　(a) 伊利泽-威德曼炸弹测试问题。炸弹的超灵敏导火索会对单个可见光光子带来的冲击产生响应——前提是这枚炸弹并非哑弹，它的导火索没有卡住。问题是，如何在一大堆可靠性存疑的炸弹中找出一枚好的。(b) 如何在有哑弹的炸弹堆里找出一枚好炸弹，实验装置如图所示。如果炸弹是好的，右下角的那面镜子就成了一台测量装置。当它测量到某个光子走了另一条路，B 点的探测器就会接收到这个光子——哑弹无法完成这个任务。

上，最后这两束光重新汇聚起来，射向最后一面半透镜，如图 2.6（b）所示。图中有两个位置安放了探测器，即 A 点和 B 点。

69 我们来设想一下，假设这枚炸弹是哑弹，那么从光源释放出来的单个光子会遭遇什么。当它到达第一面半透镜，光子的态会分裂成两种独立态，其一是光子穿过半透镜，射向哑弹；其二是光子被反射到左上方的固定镜上。（光子的这种可选路径叠加态和图 2.2 所示的双缝实验完全相同。从本质上说，自旋叠加带来的也是同样的现象。）我们假设从第一面半透镜到第二面半透镜的两条路径长度完全相同。要弄清光子在抵达探测器时的状态，我们必须比较光子在量子叠加态下可能经过的两条路径。我们发现，这两条路径在 B 点相消，而在 A 点相长。因此，光信号只可能激发探测器 A，绝不会激发探测器 B。这就像图 2.2 里的干涉图案——光永远不可能照射到某些位置上，因为量子态在这个位置上相互抵消了。因此，被哑弹反射的光子只会激发探测器 A，绝不会激发探测器 B。

现在，假设这枚炸弹是好的。那么它头上的镜子就不再是固定镜，而是有可能发生摇晃，将这枚炸弹变成一台测量装置。炸弹能测量抵达镜子的光子在两条可选路径中走了哪条——镜子有两种可能的态，要么光子抵达了这面镜子，要么没有。假设光子穿过了第一面半透镜，于是炸弹头上的镜子测量到了它的到来。那么，“嘭!!!”炸弹炸了。我们失

70 去了它。于是我们运来了一枚新的炸弹，开始下一次尝试。假设这次炸弹没有测量到光子的到来——它没有爆炸，根据这个测量结果，光子必然走了另一条路。（这是一种零作用测量。）现在，等到这个光子抵达第二面半透镜，它穿过去和被反射的概率相等，所以这一次，B 点的探测

器有可能被激发。因此，如果炸弹是好的，B 点的探测器就有可能探测到光子的到来，这意味着被炸弹测量的光子必然走了另一条路。关键在于，如果炸弹是好的，它的作用相当于一台测量装置，在它的干扰下，原本精确的抵消被破坏了，于是 B 点就有可能测量到光子，哪怕这个光子没有跟炸弹产生互动——零作用测量。如果光子没走这条路，那么它一定走了另一条路！如果 B 点探测到了光子，我们就知道炸弹充当了测量装置，所以它是一枚好炸弹。此外，如果炸弹是好的，探测器 B 就会时常探测到光子的到来，而且炸弹也不会爆炸。只有在炸弹完好的前提下，才有可能出现这样的结果。你知道这枚炸弹是好的，因为它测量到光子真的走了另一条路。

这真的很奇妙。1994 年，塞林格[①]来剑桥造访时告诉我，他真的做了这个炸弹测试实验。实际上，他和同事在实验中用的不是炸弹，而是另一种本质上差不多的东西——我应该强调一下，塞林格肯定不是恐怖分子。然后他告诉我，他跟同事奎艾特、温弗特和卡塞维奇设计了一个改进版的实验方案，可以达到同样的效果，而且不必浪费任何炸弹。我不会详细介绍具体的方案，因为它比我们刚才介绍的装置精妙得多。事实上，它能在几乎没有损耗的前提下确保你找到一枚好的炸弹。

我会把这些问题留给你自己思考。这些案例让我们看到了量子力学的奇妙特性，也让我们对 Z 型谜团有了一点了解。我觉得问题有一部分在于，有的人会迷上这些事情——他们会说，“老天爷啊，量子力学真

① 安东 · 塞林格（Anton Zeilinger，1945— ），奥地利量子物理学家，长期从事量子物理和量子信息研究，是当前国际上量子物理基础检验和量子信息领域的先驱和重要开拓者。——编辑注

奇妙”，确实，他们说的没错。所有的 Z 型谜团都是真实存在的现象，光是这一点就够奇妙了。但接下来，他们还会认为自己也必须接受 X 型谜团，我觉得这就不对了！

让我们回到薛定谔的猫。图 2.7 描绘的这个思想实验并不是薛定谔最初提出的版本，但它更契合我们现在的语境。这次我们依然拥有一个光源和一面半透半反镜，能让入射光子的量子态分裂成两种不同态的叠加，其中一种是反射，另一种是穿透。穿透镜子的光子路径上有一台探测装置，一旦它探测到光子的到来，就会触发一支枪的扳机，杀死一只猫。这只猫可以被看作测量的终点；一旦我们观察到这只猫的状态是死还是活，我们就从量子层面转移到了对象可评估的世界里。但问题在于，如果你认为量子层面的现象可以直接扩展到猫的层面上，那么你就得相信，这只猫真的处于既死又活的叠加态下。重点在于，光子处于走这条路或者另一条路的叠加态下，探测器处于开和关的叠加态下，猫也处于既死又活的叠加态下。人们很早就发现了这个问题。大家对此有何意见呢？人们对量子力学的不同看法可能比量子物理学家的人数还多。这并不矛盾，因为同一位量子物理学家可能同时持有多种不同的观点。

72

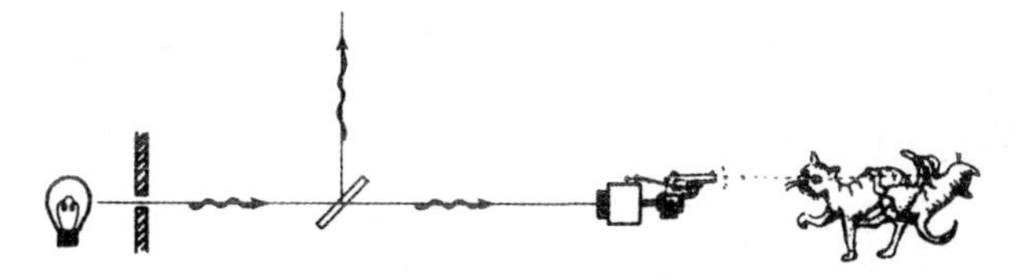

图 2.7 薛定谔的猫。**光子处于“反射”和“穿透”的线性叠加态下。如果光子穿透镜面，就会触发装置，杀死一只猫，所以根据幺正演化，这只猫处于既死又活的叠加态下。**

我想借用鲍勃·沃尔德（Bob Wald）在晚餐桌上的精彩发言来说明人们观点的多样性。他说：

> 如果你真的相信量子力学，你就不能严肃看待它。

在我看来，这句评论真实而深刻地反映了量子力学的特质和人们对待它的态度。我把量子物理学家分成了不同的阵营，如图2.8所示。确切地说，我把他们分成了两种：一种人相信量子力学（相信者），另一种人严肃看待它（严肃者）。我说的“严肃看待”是什么意思？严肃者会用态矢量 $|\psi>$ 来描述物理世界——对他们来说，态矢量真实存在。而那些“真正”相信量子力学的人认为这不是对待量子力学的正确态度。我把很多人的名字放在这一栏里。据我所知，尼尔斯·玻尔（Niels Bohr）和哥本哈根观点的拥趸都是相信者。玻尔肯定相信量子力学，但他不会把态矢量当作对世界的真实描述。从某个角度来说，$|\psi>$ 只存在于我们的思想中——它是我们描述世界的方式，但不是世界本身。由此也产生了约翰·贝尔所谓的FAPP，即“完全出于实用方面的考虑”（For All Practical Purposes）。约翰·贝尔喜欢这个短语，我想这是因为它听起来有一丝贬损的意味。它的基础是“退相干视角”，这一点我后面再展开讨论。你常常会发现，当你对FAPP最狂热的某些拥趸——比如说祖雷克（Zurek）——提出全面的质疑时，他们就会退缩到图2.8所示的表格中间的位置。那么，我说的“表格中间的位置”又是什么意思？

73

我把“严肃者”分成了不同的类别。他们中有一部分人相信U就是故事的全貌，也就是说——你必须接受，幺正演化就是全部真相。这就带来了多世界视角。在这个视角下，猫的确既死又活，但从某种意义上

74

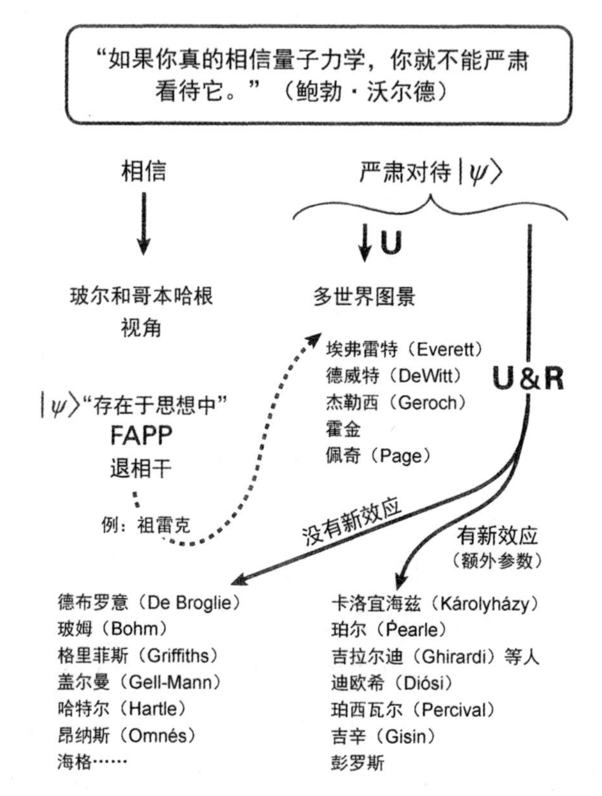

图 2.8

说，这两只猫生活在不同的宇宙里。这个问题我后面再细说。我列出了几位支持这类视角的人士，他们至少在思考中的某个阶段这样想过。多世界的支持者就落在我这张表格的中间！

还有一些人，我认为他们对待 $|\psi>$ 的方式非常严肃，我自己也是其中之一；他们相信，**U** 和 **R** 都是真实的现象。微观（我们暂时不讨论这个概念的严格定义）系统里发生的不仅仅是幺正演化，还有另一些基

本现象，从本质上说，它和我之前说的 **R** 过程没什么两样——它可能不完全是 **R**，但二者十分相似。如果你相信这一点，那么你应该在下面两种观点里选择一个。你可以认为，实际上不存在什么新的应该被纳入考虑的物理效应，我把德布罗意/玻姆的观点归入了这一类，格里菲斯、盖尔曼、哈特尔和昂纳斯的观点虽然很不一样，但仍属于这个大类。除了标准的 **U** 量子力学以外，**R** 也有其作用，但你不必期待任何新的效应。除此以外，还有第二种“非常严肃”的视角，我自己就是这样想的：我们必须引入新的东西，改变量子力学的结构。**R** 和 **U** 之间的确存在矛盾——这就给新的东西留出了位置。我在右下角列出了秉持这个观点的一些人的名字。

我想更详细地聊一聊数学，特别是秉持各种不同观点的人们如何运用数学来处理薛定谔的猫。我们回过头来看薛定谔的猫，不过现在需要将复数 **w** 和 **z** 纳入考量［图 2.9（a）］。光子分裂成两个态，如果你对量子力学秉持严肃的态度，相信态矢量真实存在，那么你也会相信，这只猫必然真的处于某种既死又活的叠加态。这些死与活的状态可以方便地利用狄拉克符号来表示，如图 2.9（b）所示。你可以把狄拉克符号中[75]间的字母换成猫！整个故事不光牵涉到猫，还得考虑枪、光子和周围的空气，即环境因素——在现实中，猫的状态的每一个元素都是所有这些效应共同作用的结果，但你还是会得到一个叠加态［图 2.9（b）］。

多世界观点和我们刚才说的有什么关系？在这种情况下，有人走过来看了看这只猫，然后你问：“为什么这个人没有看到猫的这些叠加态[76]呢？”呃，多世界观点的信徒会用图 2.9（c）来描述这种情况。有一种状态下的猫是活的，此时人会看到、感知到一只活猫；另一种状态下的

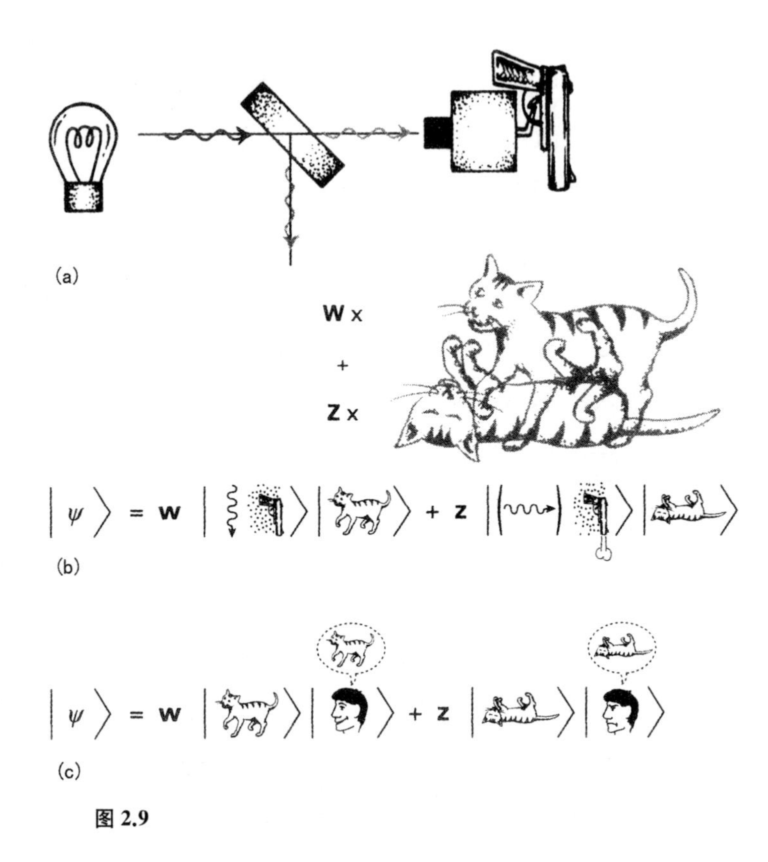

图 2.9

猫是死的，此时人会观察到一只死猫。这两种可能性叠加在一起：我把两种状态下观察者的思想状态也放进了狄拉克符号里——他的思想状态体现为脸上的表情。所以，多世界的信徒就这样摆平了一切——感知猫的这个人有多个不同的副本，但他们生活在“不同的宇宙”里。你也许会把自己想象成这些副本中的一个，但生活在“平行”宇宙中的另一个你会看到其他的可能性。当然，这种对宇宙的描述不太经济，但我认为，多世界描述的缺陷远远不止于此。我担心的并不是它不够经济。主要的麻烦在于，它没有真正解决这个问题。比如说，意识为什么不允许我们在宏观层面上感知叠加态？让我们取一个特例，假设 **w** 和 **z** 相等。那么你可以把这种状态重新写成图 2.10 里的样子，也就是说，活猫加死猫之和乘以感知活猫的人加感知死猫的人之和，活猫减死猫之差乘以感知活猫的人减感知死猫的人之差，两个项得到的乘积再相加——这只是一点点代数。现在你可能会说，“呃，你不能这样做，我们不是这样感知事件状态的！”但为什么不呢？其实我们不知道感知到底意味着什么。说不定真有一种感知态能让你同时感知到活猫和死猫，谁知道呢？除非你知道感知的本质，而且有一套完善的理论来解释为什么不能感知叠加态——这已经远远超过了第 3 章的内容——否则在我看来，这种说法没有提供任何实际的解释。它没有解释我们为什么会感知到两种状态中的一种，而不是同时感知二者的叠加态。这可以衍生出一套理论，但前提是先建立一套关于感知的理论。还有一种反对意见声称，如果我们允许

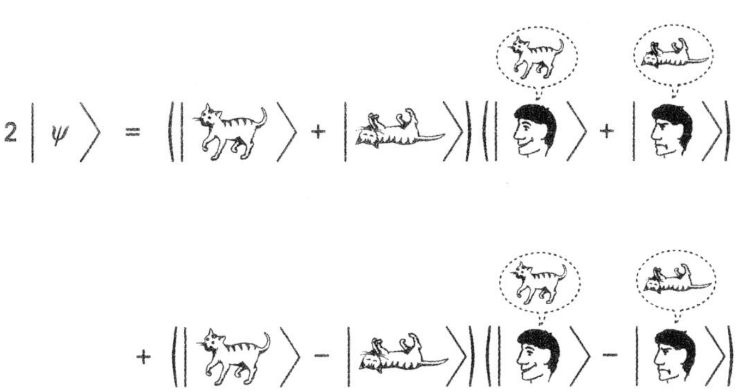

77

图 2.10

$$\left|\psi\right\rangle = \frac{1}{\sqrt{2}}\left|\uparrow_H\right\rangle\left|\downarrow_T\right\rangle - \frac{1}{\sqrt{2}}\left|\downarrow_H\right\rangle\left|\uparrow_T\right\rangle$$

总自旋值

图 2.11

w 和 **z** 作为普通的数字，这么做并不能告诉我们，为什么在量子力学框架下，运用我前面描述过的平方模算出来的概率就是现实中事件发生的概率。毕竟这些概率都是可以精确验证的东西。

请容我在量子测量的问题上再往前迈一小步。我得多说几句量子纠缠的事儿。在图 2.11 中，我描绘了玻姆版的 EPR 实验，这是量子力学的 *Z* 型谜团之一。我们如何描述 $\frac{1}{2}$ 自旋粒子朝两个方向旋转的状态？自旋的总量是 0，如果我们在这里接收到了一个上旋的粒子，我们就知道，那里的粒子必然是下旋的。在这个案例里，复合系统的量子态应该综合了“这里上旋”和“那里下旋”。但是，如果我们发现这里的粒子是下旋的，那里的粒子必然是上旋的。（如果我们选择以上/下为参照方向检查粒子的自旋，就会出现这些可能性。）要得到整个系统的量子态，我们必须将所有可能性叠加起来。事实上，无论选择哪个方向，我们都需要一个负号来确保粒子对的总自旋值为零。

78

现在，假设我们准备测量朝“这里”的探测器飞过来的粒子的自旋值，同时另一个粒子飞了很远很远，比如说，飞到了月球——所以“那里”的位置在月球上！现在，假设我有一位同事在月球上测量他那边的粒子是上旋还是下旋。他探测到粒子上旋或下旋的概率完全相等。如果

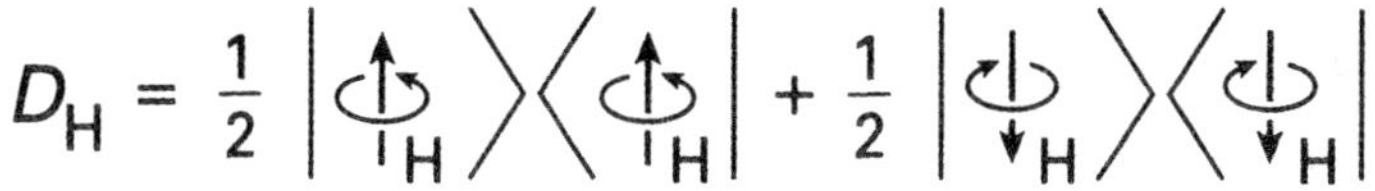

$$D_H = \frac{1}{2}\left|\uparrow_H\right\rangle\left\langle\uparrow_H\right| + \frac{1}{2}\left|\downarrow_H\right\rangle\left\langle\downarrow_H\right|$$

图 2.12

他那边的粒子上旋，那么我的粒子自旋态必然是向下的。因此，我认为我即将测量的这个粒子的态矢量混合了上旋和下旋两种概率相等的态。

量子力学里有一套程序可以处理这种概率相等的情况。你会用到一种名叫密度矩阵（density matrix）的量。在目前的情况下，“我这里”的密度矩阵表达式如图 2.12 所示。式子里的第一个“$\frac{1}{2}$”是我这里发现粒子上旋的概率，第二个“$\frac{1}{2}$”则是我这里发现粒子下旋的概率。这些只是普通的经典概率，表达我对即将测量的粒子实际自旋态的不确定。普通的概率只是普通的实数（落在 0 到 1 之间），图 2.12 的加法式描述的也不是量子叠加态（量子叠加态表达式中的系数应该是复数），而是对概率的综合衡量。请注意，两个$\left(\frac{1}{2}\text{的}\right)$概率因子相乘时，前面那个括号指向右边，这叫（狄拉克）右矢（ket vector）；后面的括号指向左边——左矢（bra vector）。[左矢的“复共轭”（complex conjugate）。]

79

这里不适合详细解释，构建密度矩阵的数学有何特性。但我们完全可以说，密度矩阵包含的信息足以帮助我们计算出系统量子态某部分的某种测量结果出现的概率，哪怕我们对该量子态剩余部分的信息一无所知。在我们的案例里，整体的量子态指的是（处于纠缠态下的）一对粒子，我们假设，我“这里”要测量的粒子和月球上（“那里”）的粒子是一对，但“这里”的我对“那里”可能的测量结果一无所知。

现在，我们稍微改变一下条件，假设我在月球上的那位同事选择在左/右，而不是上/下的方向上检查粒子的自旋。在这种情况下，更方便的做法是利用图 2.13 来描绘粒子的状态。事实上，这个状态和图 2.11 一模一样，只是根据图 2.4 的几何学做了一点代数变换，换了个表达式。我们还是不知道月球上那位同事对粒子（左/右）自旋的测量结果，但我们知道，他发现粒子左旋的概率是$\frac{1}{2}$，在这时候我必然发现粒子右旋；他发现粒子右旋的概率也是$\frac{1}{2}$，此时我必然发现粒子左旋。有鉴于此，密度矩阵 D_H必然如图 2.13 所示，它和之前的密度矩阵（如图2.12）也必然相同。当然，事情就应该是这样。我在月球上的那位同事选择在哪个方向上测量，会影响我这里测量结果出现的概率。（如果他的选择会影响我的测量，那么他就有可能以超越光速的速度从月球上向我发送

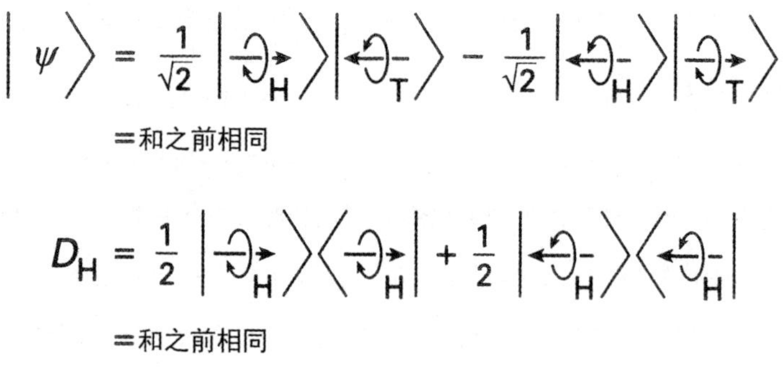

$$|\psi\rangle = \frac{1}{\sqrt{2}}|\rightarrow_H\rangle|\leftarrow_T\rangle - \frac{1}{\sqrt{2}}|\leftarrow_H\rangle|\rightarrow_T\rangle$$

=和之前相同

$$D_H = \frac{1}{2}|\rightarrow_H\rangle\langle\rightarrow_H| + \frac{1}{2}|\leftarrow_H\rangle\langle\leftarrow_H|$$

=和之前相同

图 2.13

信号，他可以将信息编码到自己对自旋测量方向的选择里。）

你还可以从代数的角度直接验证这两个密度矩阵是否完全相同。如果你懂这种代数，你肯定明白我的意思——不懂也别担心。只要量子态中存在我们掌握不到的部分，密度矩阵就是最好的选择。密度矩阵使用的是一般意义上的概率，但还结合了隐隐涉及量子力学概率的量子力学描述。如果我不知道“那里”发生了什么，密度矩阵就是我能给出的对“这里”状态的最好的描述。

81

但我们很难说，密度矩阵描述了现实。问题在于，我不知道自己以后会不会收到从月球上传来的信息，告诉我那位同事真的做了测量，得到的结果是这样或那样。这样一来，我就知道我的粒子态实际上一定是什么样的了。密度矩阵不能告诉我，这里的粒子态的所有信息。所以我的确需要知道粒子对的实际状态。所以，密度矩阵其实是一种临时的描述，这也是它时常被归入 FAPP（完全出于实用方面的考虑）的原因。

密度矩阵更常见的使用场景不是刚才这种情况，而是图 2.14 里那样，它描述的并不是我“这里”和月球上的同事“那里”的纠缠态，在这幅图里，“这里”的态是一只猫，它有死和活两种状态，而“那里”（二者甚至可能在同一个房间里）的态描述的是与这只猫匹配的整个环境状态。所以，活着的猫可能伴随着某些环境状态，而死猫伴随的是完整的纠缠态矢量中剩余的环境态。FAPP 的拥趸会说，你不可能

图 2.14

$$D = |\mathbf{w}|^2 \left| \quad \right\rangle \left\langle \quad \right| + |\mathbf{z}|^2 \left| \quad \right\rangle \left\langle \quad \right|$$

图 2.15

获取足够的环境信息，所以你无法利用这个态矢量——只能利用密度矩阵（图 2.15）。

82

所以密度矩阵的作用类似混合概率，FAPP 的拥趸又说，完全出于实用方面的考虑，这只猫要么死，要么活。这可能没问题，“完全出于实用方面的考虑”，但它没法给你一幅现实的图景——它不能告诉你，如果片刻之后，有个特别聪明的人跑过来教了你如何从环境中提取信息，接下来可能会发生什么。从某种程度上说，它是一种临时的视角——只要没人能得到那些信息，它就没问题。但是，我们可以运用 EPR 实验中分析粒子的方法来分析这个案例中的猫。我们会证明，左/右自旋态和上/下自旋态实际上没有区别。我们可以按照量子力学规则将上旋态和下旋态结合起来，得到这对粒子左旋态和右旋态的纠缠态矢量，如图 2.13（a）所示，这两种自旋方向的密度矩阵也完全相同，如图 2.13（b）所示。

现在我们把考察对象换成猫和它所在的环境（在这种情况下，**w** 和 **z** 的振幅相等），我们可以运用同样的数学原理，把“右旋”换成“活猫加死猫”，“左旋”则换成“活猫减死猫”，从而得到和以前一样的态（图 2.14，**w** = **z**）和密度矩阵（图 2.15，**w** = **z**）。活猫加死猫或活猫减死猫可以等同于活猫或死猫吗？呃，其实没有这么明显。但这里的数学很直接。猫的密度矩阵还是和以前一样（图 2.16）。所以，知道密度矩阵

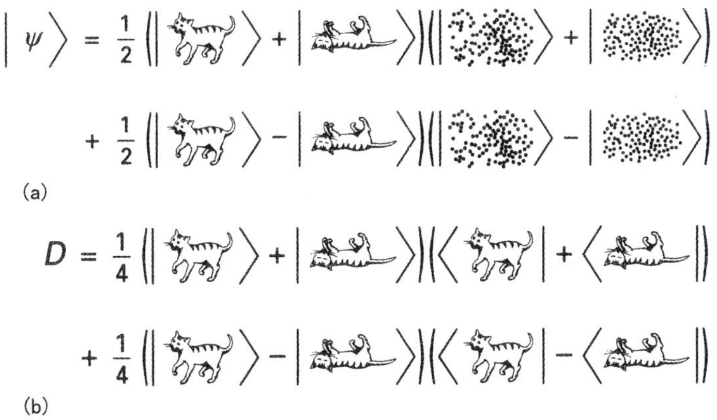

(a)

(b)

图 2.16

是什么也不能帮助我们确定猫实际上到底是死是活。换句话说，猫的死活没有包含在这个密度矩阵里——我们还需要别的东西。

它不仅无法解释猫实际上是死还是活（而不是二者的某种组合），甚至无法解释我们感知到的猫的状态为什么不是死就是活。此外，对通用振幅 **w** 和 **z** 来说，它也解释不了二者的相对概率为什么是 $|\mathbf{w}|^2$ 和 $|\mathbf{z}|^2$。我个人认为，这不够好。我又拿出了那幅描绘物理学全景的示意图，但这次我还添加了我心目中物理学未来可能的模样（图 2.17）。字母 **R** 代表的过程类似某种我们还没有掌握的东西，我用 **OR** 来指代它，意思是客观还原（Objective Reduction）。这是一件客观的事——客观上说，不是这样就是那样。我们还没有找到这套理论。**OR** 是个漂亮的缩写，因为它也可以用来指代“or”（或者），这正是问题的本质，这样**或者**那样。

83

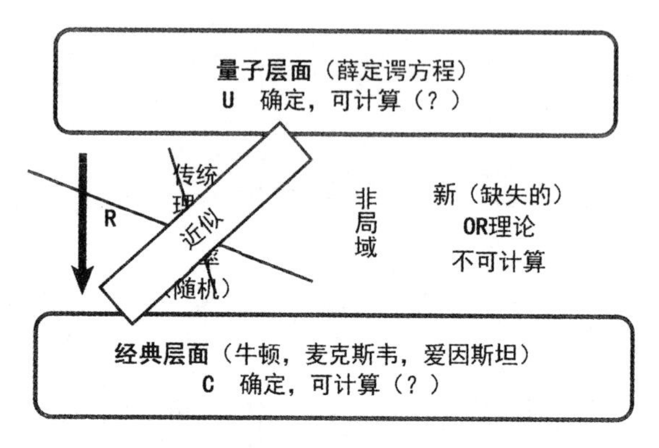

图 2.17

但这个过程发生在什么时间呢？我赞同的观点是，叠加态原理在运用于明显不同的时空几何（space-time geometry）时出了问题。我们在第 1 章中认识了时空几何的概念，我在图 2.18（a）里描绘了其中两种。除此以外，我还在图中描绘了这两种时空几何的叠加态，就像我们之前描绘粒子和光子的叠加态一样。一旦你被迫开始考虑不同时空的叠加态，很多问题就会涌现出来，因为两个时空的光锥可能指向不同的方向。这就是人们认真尝试将广义相对论量子化时遇到的一大问题。在我看来，目前还没有谁能在这种奇怪的叠加时空之内成功构建一套物理学。

84

我要说的是，没人成功再正常不过了——因为你压根就不该这么做。不知为何，这种叠加态实际上变成了一种非此即彼的选择，它在时空层面上就是这样的［图 2.18（b）］。现在，你可能会说：“从原则上讲，这一切倒是很好，但要是你试图把量子力学和广义相对论融合在一

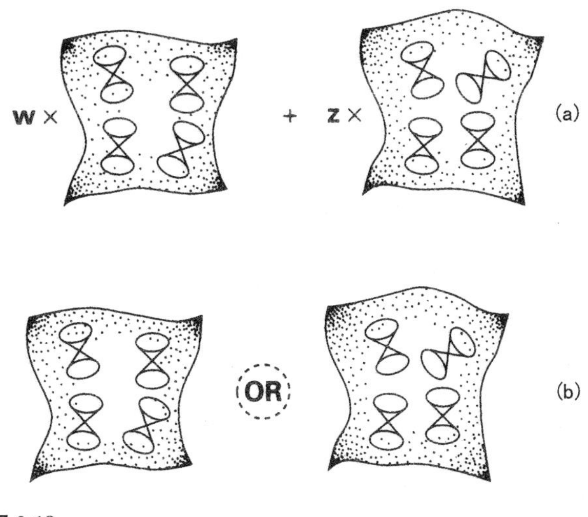

图 2.18

起，你就会遇到这些小得荒谬的数字，普朗克时间和普朗克长度，它们比正常的长度和时间——甚至包括我们在粒子物理学中处理的那些——小很多个数量级。这和猫或者人的尺度上的事物毫无关系。所以，这又和量子引力有什么关系？”从基本特性的角度出发，我认为它们息息相关。

85

10^{-33}厘米的普朗克长度与量子态还原有什么关系？图 2.19 高度概念化地描绘了一个试图分岔的时空。这里的两个时空即将叠加，其中一个时空代表死猫，另一个代表活猫，这两个不同的时空看起来需要以某种方式叠加起来。我们得说：“什么时候这二者之间的区别才会大到让我们开始考虑改变规则的程度？”你可以看到，从某种程度上说，这两种几何之间的区别正是普朗克长度的量级。当两种几何之间的区别达到

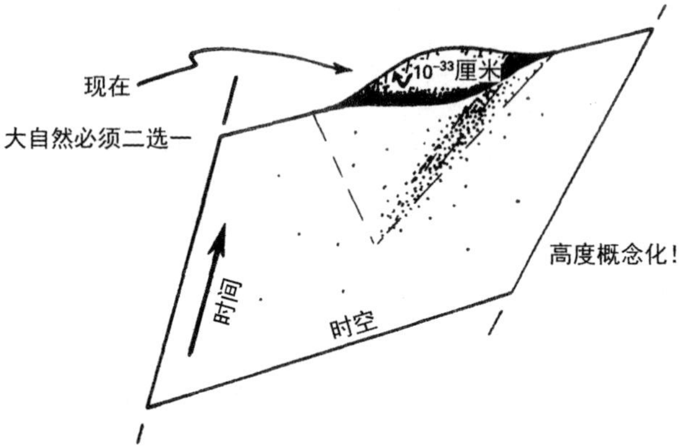

图 2.19　10^{-33}厘米的普朗克长度与量子态还原有什么关系？大致的想法：叠加的两种态之间的宏观运动明显到某种程度，就会导致两个时空在 10^{-33} 厘米的尺度上分离。

了这个量级，你就必须考虑该怎么办，这时候规则可能会变。我应该强 86 调的是，这里我们处理的是时间和空间，而不仅仅是空间。在“普朗克尺度的时空分离”中，小的空间分离对应的时间更长，而更大的空间分离对应的时间更短。我们需要的是一套标准，能帮助我们推算两个时空什么时候才会出现明显的区别，从而得出一个大自然在二者之间做出选择的时间尺度。由此推出一个观点：大自然会根据某种我们尚未理解的规则选择这个或者那个。

大自然做出这样的选择需要多少时间？在某些明确的条件下，我们可以算出这个时间尺度，比如说，牛顿力学足够近似爱因斯坦理论，或者处于量子叠加态下的两个引力场有定义清晰的区别（二者的复振幅大致相等）。

87 我提议的答案如下。我打算用一个灯泡取代猫——那只猫干了很多

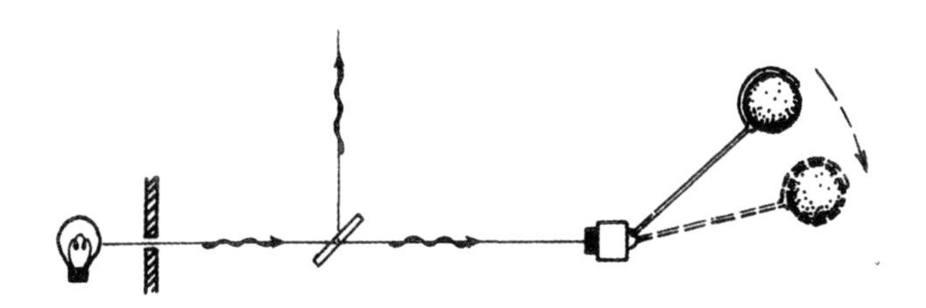

图 2.20　不需要猫，我们可以简单地测量一只球形灯泡的运动。这个灯泡必须有多大？它必须运动多远？在 R 发生之前，这种叠加态能持续多长时间？

活，它该休息一会儿了。这个灯泡有多大，它必须移动多远，由此引发态矢量坍塌的时间尺度是多少（图 2.20）？我准备将两种态的叠加看作一种不稳定的状态——有点像正在衰变的粒子，或者铀原子核之类的东西，它可能衰变成这样或那样，这种衰变有一个确定的时间尺度。不稳定是我提出的假说，但这种不稳定性标志着那套我们尚未理解的物理学的存在。要算出时间尺度，就得考虑让灯泡从一个引力场移动到另一个所需的能量 E。然后取$\hbar$，即普朗克常数除以 2π，再用它除以这个引力能，就算出了这种情况下衰变的时间尺度 T：

$$T = \frac{\hbar}{E}$$

这种通用性的推算派生出了多种体系——所有引力体系本质上都一样，只是细节可能有所区别。

我们有其他理由相信，这种引力体系可能值得深入考量。原因之一是，其他任何一种关于量子态还原的明确体系，只要试图靠引入某种新的物理现象来解决量子测量问题，就会遇到能量守恒方面的问题。你会 88

发现，能量守恒的一般性原则会受到挑战。也许事实就是这样。但是，如果你选择引力体系，在我看来，它很有可能帮助我们完全绕开这个问题。虽然我不知道这具体是怎么做到的，但请容我说说自己的想法。

广义相对论里的质量和能量都很奇怪。首先，质量等价于能量（质量等于能量除以光速的平方），所以引力势能对质量有（负的）贡献。这样一来，如果你有两个相距遥远的灯泡，那么整个系统的质量略大于两个灯泡距离很近的情况（图 2.21）。虽然灯泡本身的质量-能量密度（以能量-动量张量来衡量）只是非零而已，而且每个灯泡的质能密度和另一个灯泡的存在关系不大，但如图 2.21，两种情况下系统的总能量的确有区别。总能量是非局域性的。广义相对论里的能量的确从根本上拥有某种非局域的特性。我在第 1 章中介绍过的双脉冲星的著名例子正是这样：引力波从系统里带走了正的能量和质量，但这种能量遍布整个空间——而不是某个局域。引力能是件很难理解的事情。在我看来，如果我们能以正确的方法将广义相对论和量子力学结合到一起，那么就很有可能解决所有关于态矢量坍塌的理论都绕不开的能量难题。事情是这样

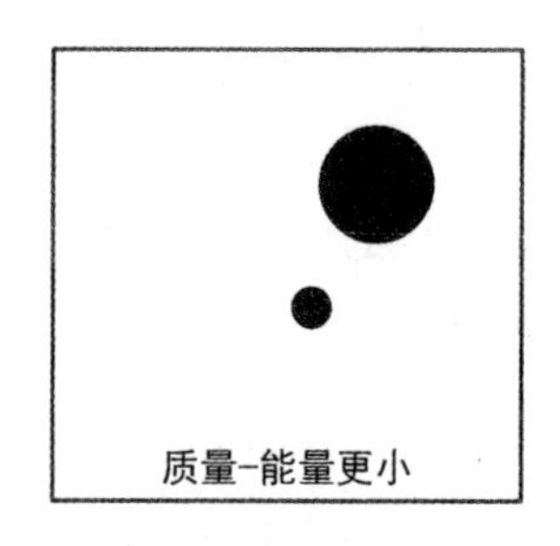

图 2.21　涉及纯引力贡献的引力系统的总质量-能量不受局域所限。

的，在叠加态下，你必须考虑这种状态下引力对能量的贡献。但对于因引力而产生的能量，你没法真正赋予它一个局域的意义，所以引力能从根本上就是不确定的，而这种不确定性的量级和上面描述的能量 E 一样。这恰好和不稳定粒子的情况一样。不稳定粒子质量-能量的不确定性与其寿命的关系遵循同样的方程。 89

最后，请容我检验一下，出现在我提倡的方法中的明确的时间尺度——我会在第 3 章中再次回顾这部分内容。包含了这些时空叠加态的现实系统衰变时间是多少？对光子（我们暂且把它看作一个刚性的球体）来说，这个时间尺度是几百万年。这是件好事，因为根据单粒子的干涉实验，我们看不到这种事情发生。理论推演符合现实观测结果。如果把观察对象换成一个——比如说直径为 10^{-5} 厘米的——水滴，它的衰变时间是几小时；如果水滴直径是微米级的，衰变时间是 1/20 秒；如果直径是一厘米的千分之一，相应的衰变时间大约是百万分之一秒。这些数字指明了这类物理学可能发挥重要作用的各种尺度。 90

但是，这里我不得不引入一个新的基本要素。我偶尔可能会拿 FAPP 视角开玩笑，但这幅图景中有一个元素值得严肃看待，那就是环境。环境在这类考量中至关重要，但截至目前，我在讨论中一直忽略了它的存在。所以你必须做一些复杂得多的事情。你必须这样考虑：叠加的不仅仅是此灯泡和彼灯泡，而且是此灯泡及其环境和彼灯泡及其环境。你必须仔细审视，主要起作用的到底是环境的扰动还是灯泡的运动。如果是环境，它的影响是随机的，最终你得到的结果和标准程序下的完全相同。如果能将系统与环境有效剥离，只考虑孤立系统，那么你可能会看到一些和标准量子力学不一样的东西。如果能提出一些可行的实验——我知道好几种备选方案——来验证，这类体系到底是不是自然的本质，或者传统的量子力学会不会再次获得胜利，以及你是否只能认真考虑这些灯泡——甚至猫——必须继续存在于这种叠加态下，那将是一件很有趣的事情。

请容我借助图 2.22 总结一下我们一直尝试着在做的事情。在这幅图里，我把各种理论放在一个变形的立方体的顶角上。立方体的三根轴代表物理学最基本的三个常数：引力常数 G（水平轴），光速的倒数形式 c^{-1}（对角轴），以及狄拉克-普朗克常数$\hbar$（向下的纵轴）。这几个常[91]数在普通语境下都小得近乎零。如果我们将三个常数的值都取为零，就得到了我所说的伽利略物理学（左上）。非零的引力常数带领我们水平移动到牛顿引力理论（直到很久以后，嘉当才给出了该理论的几何时空方程）。换个角度，如果我们允许 c^{-1}非零，就得到了庞加莱-爱因斯坦-闵可夫斯基的狭义相对论。如果我们允许这两个常数都不是零，变形立方体顶面的“正方形”就会变得完整，爱因斯坦的广义相对论也被包含了进来。但是，这样的概括并不直接——我在图 2.22 中用顶面正方形的变形说明了这个事实。接下来，我们允许$\hbar$非零，但让 $G = c^{-1} = 0$，从[92]而得出标准的量子力学。通过一种不完全直接的概括，c^{-1}也可以被包含进来，由此获得量子场论。这完善了立方体的左侧面，轻微的变形表明这里的概括也不直接。

你可能觉得，现在我们只需要完善这个立方体，就能看到世界的全貌。但我们发现，引力物理学和量子力学的原理存在基本的冲突。如果我们采用符合爱因斯坦等效原理（恒定的引力场等效于加速度）的合理的（嘉当）几何框架，这样的冲突甚至会出现在牛顿引力（$c^{-1} = 0$ 的情

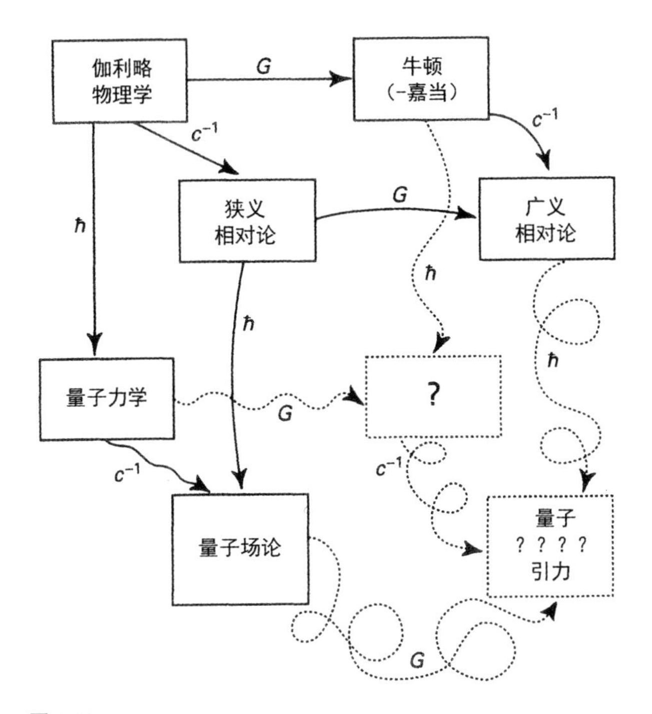

图 2.22

况）理论中。乔伊·克里斯蒂安（Joy Christian）向我指出了这一点，他也为我的图 2.22 提供了灵感。截至目前，我们还不能将量子力学和牛顿引力（充分考虑爱因斯坦等效原理，就像嘉当几何的经典理论一样）妥善地融合在一起。我旗帜鲜明地认为，这样的融合必须考虑到量子态还原（quantum state reduction）现象——大致沿着本章前面提出的 **OR** 理念的思路。这种融合显然远远不能直接完成图 2.22 所示的立方体的背面。包含了$\hbar$、G 和 c^{-1} 三个常数的完整理论（能补完整个立方体）肯定比现在的物理学更细致入微，数学上也更精妙。这显然是未来我们要解决的问题。

第 3 章 | 物理和心灵

93

前两章介绍的是物理世界和我们用来描述它的数学规则，它们有多么准确，有时候看起来又是多么奇怪。在第 3 章里，我打算聊聊精神世界（mental world），尤其是它和物理世界（physical world）的关系。我想贝克莱主教（Bishop Berkeley）应该会认为，从某种意义上说，物理世界是从我们的精神世界里涌现出来的，虽然更普遍的科学观点是，精神性是某种物理结构的一种特征。

卡尔·波普尔（Karl Popper）引入了第三个世界，即文化世界（World of Culture，图 3.1）。他把这个世界看作精神的产物，所以他建立了如图 3.2 所示的世界层级。在这幅图里，精神世界从某种意义上说与物理世界相关（从物理世界中涌现出来?），文化世界又以某种方式从精神世界中蜕变出来。

现在，我想稍微换个视角。与其像波普尔那样把文化视为精神的产物，我更愿意相信，三个世界之间的联系如图 3.3 所示。此外，我的“第三个世界”其实不是文化世界，而是绝对的柏拉图世界——确切地说，是绝对数学真理的世界。这样一来，描绘物理世界基于精确数学定律的图 1.3 被纳入了我们的图景。

94

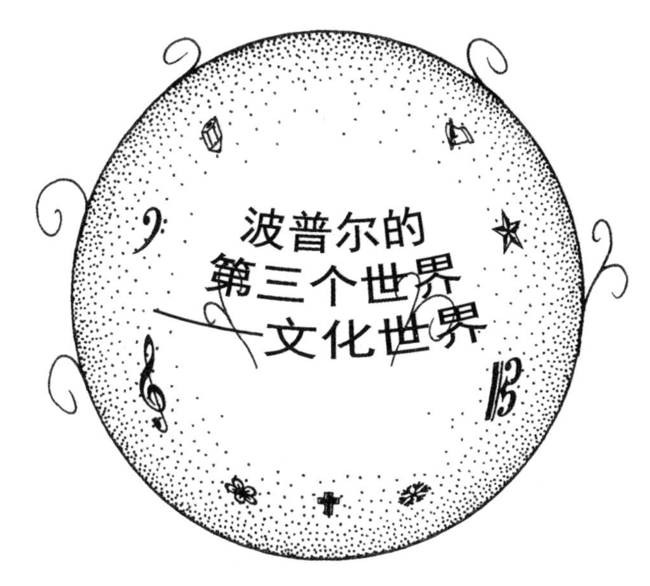

图 3.1　卡尔·波普尔的“第三个世界”

这一章主要讨论的是这几个不同的世界之间的关系。在我看来，精神世界出自物理世界的想法有一个基本的问题——哲学家有充分的理由对此表示关切。我们在物理学中讨论的是物质、现实事物、宏观物体、粒子、空间、时间、能量等概念。而我们的感觉、对红色或者幸福的感知，又和物理有什么关系呢？我觉得这是一个谜团。我们可以把图 3.3 中连接不同世界的箭头视为谜团。在前两章中，我讨论了数学和物理的关系（谜团 1）。我提到过维格纳对二者关系的看法。他觉得这种关系非同寻常，我也一样。物理世界为什么看起来这么精确地遵循数学定律？不光是这样，主宰物理世界的数学定律在其自身的领域内也格外强大、硕果累累。我觉得二者的关系是个巨大的谜团。

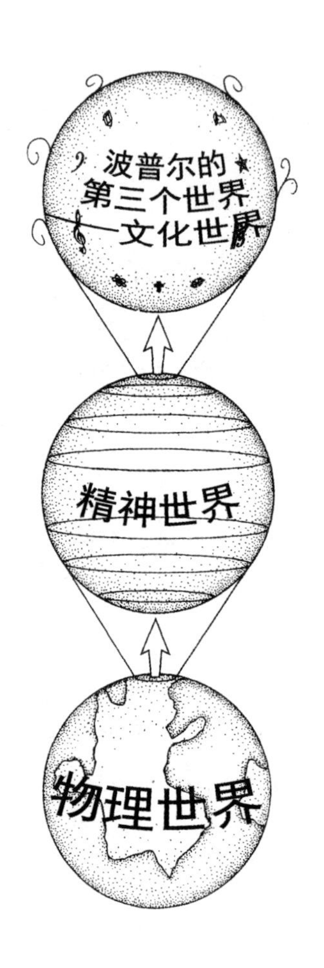

图 3.2

96　在这一章里，我还会审视谜团 2：物理世界和精神世界有何关系。但说到这里，我们还得考虑谜团 3：是什么赋予了我们触及数学真理的能力？在前两章中提到柏拉图世界的时候，我主要说的是数学和我们描述物理世界所需的数学概念。人们总觉得，描述这些事情的数学就赤裸

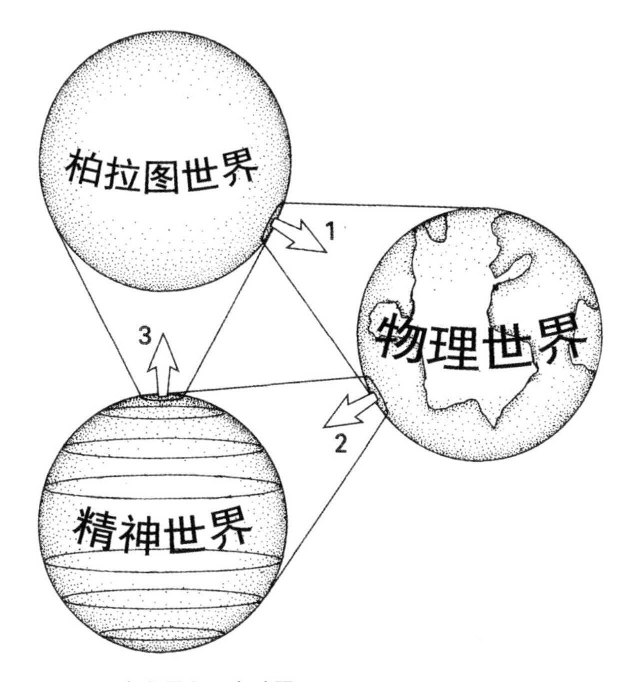

图 3.3　三个世界和三个谜团

裸地放在那里，触手可及。还有一个共识是，这些数学结构是我们精神的产物，也就是说，数学是人类头脑制造出来的产品。你可以抱有这种看法，但数学家不是这样看待数学真理的；我也不是这么看的。所以，尽管精神世界和柏拉图世界之间有一个连接的箭头，但我并不是想说，这个箭头，或者图中其他任何一个箭头，说明了某个世界单单是从另一个世界中涌现出来的。尽管二者之间可能的确存在某种涌现关系，但这些箭头只代表一个简单的事实：不同的世界之间存在联系。

97

更重要的事实是，图 3.3 代表了我自己的三个偏见。其一，从理论上说，整个物理世界都能用数学的方式描述。我并不是说，所有的数学都能用来描述现实。我想说的是，如果你选择了正确的数学，它们就能非常准确地描述物理世界，所以物理世界的行为遵循数学定律。这样一来，柏拉图世界中就有一小部分包含了我们的物理世界。同样地，我也不是说，物理世界中的一切都有精神性的一面。我实际上是说，没有物理基础、四处飘荡的精神客体并不存在。这是我的第二个偏见。第三个偏见是，根据我们对数学的理解，至少从原则上说，柏拉图世界里的任何独立个体都能以某种方式被我们的精神触及。有人可能会很担心第三个偏见——事实上，这三个偏见可能都让他们担心。我应该说，直到我画出这幅示意图以后，我才意识到，它反映了我的这三个偏见。我会在本章末尾再回过头来解说这幅图。

现在，请容我谈一谈人的意识（human consciousness）。尤其是，这是一个我们应该从科学解释的角度思考的问题吗？我个人的观点十分倾向于，我们应该。确切地说，我很看重连接物理世界和精神世界的那个箭头。换句话说，我们面临着从物理世界的角度理解精神世界的挑战。

98

我在图 3.4 中总结了物理世界和精神世界的一部分特征。右手边描述的是物理世界的各个方面——正如前面两章中讨论的，根据我们的认知，这个世界由数学定律和物理定律精准主宰。左手边则是我们对精神世界的认知，常常出现的词语包括“灵魂”“精神”“宗教”等等。如今人们喜欢用科学来解释万事万物。此外，他们更愿意认为，从原则上说，你可以把任何科学描述输入计算机；因此，如果某个事物可以用数学来描述，那么从原则上说，你应该可以把它输入计算机里。我将在本章中强烈驳斥这种想法，尽管我也有物理主义者的偏见。

我在图 3.4 中用可预测（predictive）、可计算（calculational）来描述物理定律——这牵涉到我们的物理定律是否拥有确定性（determinism），我们能不能用计算机模拟这些定律的运行。一方面，有人认为，情绪、美感、创造力、灵感和艺术等精神性的东西很难用可计算的方式来描述。而在“科学”极端的另一头，有人可能会说：“我们也只是计算机而已；我们可能现在还不知道该怎么描述这些东西，但是，只要掌握了正确的计算方式，我们总有一天能把图 3.4 里列出来的所有精神性的东西全都描述出来。”人们常用涌现（emergence）这个词来描述这个过程。在这些人看来，涌现是正确的计算活动带来的结果。

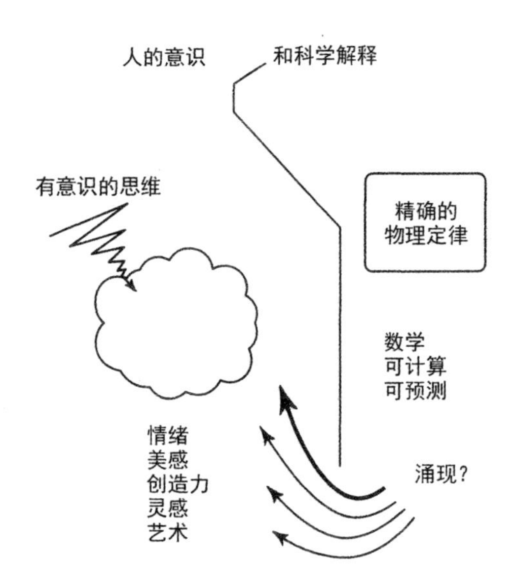

图 3.4

99

什么是*意识*？呃，我不知道该怎么定义它。我觉得现在还不是定义意识的时候，因为我们根本不知道它是什么。我相信，它有一个物理上可触及的概念；但要给它下个定义，我们可能找错了对象。但我会把它描述到某种程度。在我看来，意识至少有两个不同的方面。其一，意识有*被动*的表现形式，其中包括*知觉*（awareness）。对颜色、对和谐的感知，对记忆的使用，如此等等，都属于这个类别。其二，它也有*主动*的表现形式，包括自由意志之类的概念，以及我们在自由意志下采取的行动。对这些术语的使用反映了意识的不同方面。

100

在这里，我应该专注于讨论从根本上与意识有关的另一些东西。它和意识主动、被动的方面都不一样，可能介于二者之间。我指的是*理解*（understanding）这个词的使用，或者也可以说*洞察*（insight），后者往往更好。我不打算定义这些词本身——我不知道它们的含义。还有两个词我也不理解——*知觉*（awareness）和*智力*（intelligence）。呃，我为什么要聊这些自己也不知道确切含义的东西？可能因为我是一个数学家，数学家不太介意这类事情。他们不需要精确的定义也能展开讨论，只要能说出事物之间的*联系*。这里的第一个关键点是，在我看来，智力需要理解。要在没有丝毫理解的背景下使用智力这个词，我觉得这是不合理的。同样地，缺乏知觉的理解也有点不合理。理解需要某种知觉。这是第二个关键点。所以，这意味着智力需要知觉。虽然我没有定义这些术语中的任何一个，但在我看来，坚决主张它们之间存在这些关系是很合理的。

有意识的思考和计算之间有何关系，人们的观点五花八门。我在表3.1中总结了四种通往知觉的路径，并将它们分别标记为**A**、**B**、**C**和**D**。

表 3.1

A	所有思考都是计算；确切地说，有意识的知觉只是被恰当的计算激发出来的感觉。
B	知觉是脑部物理活动的一种表现；尽管物理活动能通过计算来模拟，但可计算的模拟本身不能唤起意识。
C	脑部合适的物理活动唤起了意识，但这种物理活动甚至无法通过计算进行正确的模拟。
D	意识不能用物理、可计算或者其他任何科学术语来解释。

第一种视角我称之为 **A**，有时候人们叫它强人工智能（strong artificial intelligence，强 AI）或者（可计算）功能主义（functionalism），它宣称，所有思考都只是实施了某种计算，因此，只要找到合适的计算程序，就能实现知觉。

我把第二种视角命名为 **B**，根据这种观点，从原则上说，你可以模拟自己对某个事物产生知觉时脑部的活动。**A** 和 **B** 的区别在于，尽管活动可以模拟，但 **B** 语境下的模拟本身不会有任何感觉或知觉——它完全是另一回事，可能和对象的物理结构有关。所以，由神经细胞等结构组成的脑可以有知觉，但对脑部活动的模拟不可能拥有知觉。据我所知，这个观点是由约翰·塞尔（John Searle）提出的。

101

下一个是我自己的观点，我称之为 **C**。根据这个观点，它赞同 **B** 提出的，脑的某些物理活动唤起了意识——换句话说，的确存在这样的物理活动，但它无法通过计算来模拟。你不可能模拟这种活动。它所涉及的脑部物理活动是不可计算的。

最后还有观点 **D**，它认为，从科学的角度来看待这类事情完全是个错误。也许知觉根本无法用科学术语来解释。

102 我坚决拥护观点 C。但 C 也有许多变体。比如说，有两种不同的观点，我们或许可以称之为**弱 C** 和**强 C**。**弱 C** 的观点是，不知为何，在已知的物理学范围内，只要探查得够仔细，你总能找到某些不可计算的活动。说到“不可计算”的时候，我应该表达得更清楚一点，这个我马上就讲。根据**弱 C**，要寻找合适的不可计算的活动，我们根本不需要把目光放到已知的物理学以外。反过来说，**强 C** 要求已知物理学以外的东西；我们对物理学的理解不适合用来描述意识。它不完善，而且正如你在第 2 章中看到的，我的确相信，我们的物理学图景并不完善，我在图 2.17 中阐明了这一点。根据**强 C** 的观点，也许未来的科学会解释意识的特性，但今天的科学还做不到。

我在图 2.17 中使用了一些我暂时不予置评的词语，具体说来，就是可计算（computable）这个词。在标准图景中，量子层面上的物理学基本可以计算，经典层面的可能可以计算，但我们如何从可计算的离散系统过渡到连续系统，这中间还存在技术性问题。这一点十分重要，但现在请容我暂时把它搁在一边。事实上，在我看来，**弱 C** 的支持者必须在这些不确定性中找到某些东西，某些不能用可计算的描述来解释的东西。

在传统的图景中，为了从量子层面过渡到经典层面，我们引入了我称为 **R** 的过程，它完全是一个概率性的活动。然后我们就同时拥有了可计算性和随机性。我要说的是，这还不够好——我们还需要另一些东西，

103 作为连接两个层面的桥梁，这套新理论必须是不可计算的。稍后我会进一步阐释我这样说到底是什么意思。

所以，这是我的版本的**强 C**：我们在连接量子层面与经典层面的物理学中寻找不可计算性。它的层级相当高。我的意思是说，我们需要的物理学不仅是新的，而且它还与脑活动相关。

首先，我们来讨论一下这个问题：在我们的理解中，有一些东西是不可计算的，这个说法是否可信？我可以给你举个很好的例子，一个简单的国际象棋问题。如今的计算机下国际象棋的水平很高。但是，如果让目前最强大的计算机"深思"（Deep Thought）来解如图 3.5 所示的棋局，它会干出一件很蠢的事。这个棋局里白棋比黑棋少了好几个棋子——黑棋多了两个车和一个象。这本应是个巨大的优势，但问题是，棋盘上白兵组成的防线挡住了所有黑棋。所以白方只需要在这道防线后溜达，就不可能输掉这局棋。但是，面对这个局面，"深思"会立即吃掉

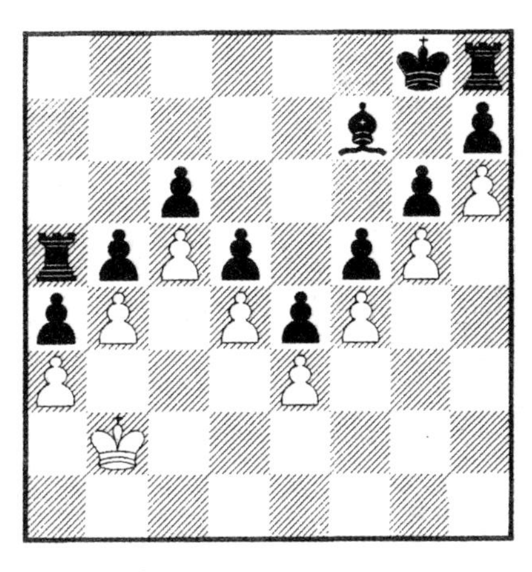

图 3.5　白棋先行，和局——对人类来说很简单，但"深思"会吃掉车！［这个问题由威廉·哈斯顿提出，出自简·西摩和戴维·诺伍德在《新科学家》（*New Scientist*）上发表的一篇文章，第 1889 期，第 23 页，1993 年。］

一个黑车，于是防线上就出现了一道缺口，白方必输无疑。“深思”之所以会这样做，是因为按照内置的程序，它必须一步一步计算到一定深度，然后再数棋子，或者做出类似的事情。在这个例子里，这种方法还不够好。当然，如果它一步一步多走几次，也许就能找到正确的应对方案。关键在于，象棋是一种可计算的游戏。在这个案例中，人类棋手看到兵线就知道它不会被突破。计算机没有这样的理解力——它只能一步一步计算。所以，这个案例揭示了简单的计算与真正的理解之间的区别。

104

这里还有个例子（图 3.6）。用白象吃掉黑车是个很有诱惑力的选项，但正确的做法是把白象当成兵，利用它再次组成一条兵的防线。只要你教会了计算机识别兵线，它也许就能解决第一个问题，但它还是解不开第二个棋局，因为这需要更深一层的理解力。不过你可能觉得，只要足够细致，我们就有可能通过编程赋予计算机可能存在的所有层级的

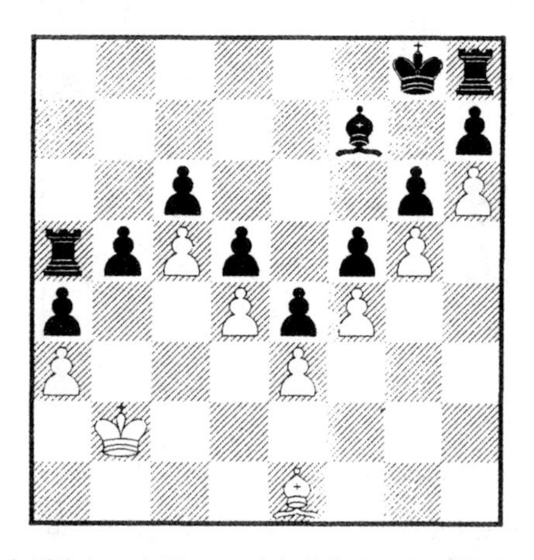

图 3.6　白棋先行，和局——对人类来说还是很简单，但普通专家级的象棋计算机会吃掉车。（出自威廉·哈斯顿和戴维·诺伍德的一次图灵测试。）

理解力。呃，也许在国际象棋的领域里，这的确能做到。问题在于，象棋是一种可计算的游戏，所以从本质上说，只要有一台足够强大的计算机，我们的确有可能从根本上计算出所有的可能性。这远远超过了现有计算机的能力，但从原理上说，这有可能做到。

105

我们是不是可以更强硬地宣称，我们的理解力和计算的确有所区别？呃，可以。我不想在这个问题上花费太多时间，虽然它实际上是本章所有讨论的基石。但我还是不得不在这里花费些许时间，哪怕我的观点可以更偏技术性一点。《心灵的影子》前两百页都在试图论证，我即将向你呈现的观点是滴水不漏的。

关于计算（computation），请容我说几句。计算是计算机的行为。现实中的计算机存储能力是有限的，但我要说的是一种理想化的计算机，它叫图灵机（Turing machine），它和普通通用计算机的区别只有一个：图灵机拥有无限的存储空间，它能一直计算到永远，既不会出错，也不会报废。我举个计算的例子。计算需要的不光是算术，也可能包括逻辑推演。这里有个例子：

106

- 找到一个不等于三个平方数之和的数字。

这里说的数字，我指的是0，1，2，3，4，5……之类的自然数。“平方数”指的是0^2，1^2，2^2，3^2，4^2，5^2……也许你可以采用下面的思路——硬算的办法太傻，但它的确表明了这是一个可以通过计算来解决的问题。我们可以从0开始，验证它是不是三个平方数之和。你检查了所有小于或等于0的平方数，结果发现只有0^2。因此，我们只能试试：

$$0 = 0^2 + 0^2 + 0^2$$

等式成立，所以 0 是三个平方数之和。然后我们再试试 1。我们写下所有平方后小于或等于 1 的数字，然后看看能不能让三个平方数相加的结果等于 1。呃，的确可以：

$$1 = 0^2 + 0^2 + 1^2$$

我们可以冗长单调地继续计算下去，如表 3.2 所示，直到数字 7 出现；这时候你会发现，0^2，1^2 和 2^2 这三个平方数无论怎么组合都不能得到 7 这个数字——所有的可能性都列在了表里。因此，7 就是答案——不是三个平方数之和的最小数字就是它。这是一个计算的例子。

表 3.2

试试 0	小于 0 的平方数有	0^2	$0 = 0^2 + 0^2 + 0^2$
试试 1	小于 1 的平方数有	0^2，1^2	$1 = 0^2 + 0^2 + 1^2$
试试 2	小于 2 的平方数有	0^2，1^2	$2 = 0^2 + 1^2 + 1^2$
试试 3	小于 3 的平方数有	0^2，1^2	$3 = 1^2 + 1^2 + 1^2$
试试 4	小于 4 的平方数有	0^2，1^2，2^2	$4 = 0^2 + 0^2 + 2^2$
试试 5	小于 5 的平方数有	0^2，1^2，2^2	$5 = 0^2 + 1^2 + 2^2$
试试 6	小于 6 的平方数有	0^2，1^2，2^2	$6 = 1^2 + 1^2 + 2^2$
试试 7	小于 7 的平方数有	0^2，1^2，2^2	$7 \neq 0^2 + 0^2 + 0^2$ $7 \neq 0^2 + 0^2 + 1^2$ $7 \neq 0^2 + 0^2 + 2^2$ $7 \neq 0^2 + 1^2 + 1^2$ $7 \neq 0^2 + 1^2 + 2^2$ $7 \neq 0^2 + 2^2 + 2^2$ $7 \neq 1^2 + 1^2 + 1^2$ $7 \neq 1^2 + 1^2 + 2^2$ $7 \neq 1^2 + 2^2 + 2^2$ $7 \neq 2^2 + 2^2 + 2^2$

在这个例子里，我们是幸运的，因为计算有终点，而另一些计算根本没有终点。比如说，假如我把这个问题稍微改一下：107

- 找到一个不等于四个平方数之和的数字。

18 世纪的数学家拉格朗日[①]证明了每个数字都能表达为四个平方数之和，这是一条著名的定理。所以，如果你不动脑子，只管闷头去找这个数字，计算机就会嘎吱嘎吱没完没了地计算下去，却永远找不到答案。这表明了一个事实：的确存在没有终点的计算。

拉格朗日定理证明起来相当困难，所以我换了个简单点的例子，希望大家都能看懂！

- 找到一个等于两个偶数之和的奇数。

你可以把这个问题丢给你的计算机，它会没完没了地计算下去，因为我们知道，两个偶数之和总是等于偶数。108

下面是个明显更难的例子：

- 找到一个不是两个质数之和的大于 2 的偶数。

这个计算有终点吗？人们普遍相信它没有终点，但这只是一个猜想，它叫“哥德巴赫猜想”（Goldbach Conjecture），这个问题如此困难，以至于谁也没法确认它到底对不对。所以，这里（可能）有三个没有终点的计算，一个简单，一个难，还有一个难得谁也不知道它有没有终点。

现在，我们再问一个问题：

---

① 约瑟夫-路易斯·拉格朗日（Joseph-Louis Lagrange，1736—1813），法国著名数学家、物理学家。在数学、力学和天文学三个学科领域都有历史性的贡献。——编辑注

• 数学家会借助计算算法（computational algorithm，比如说 A）来说服自己，某些计算没有终点吗？

比如说，拉格朗日脑子里是不是有某种计算机程序，引导他最终得出结论：每个数字都是四个平方数之和？甚至不需要拉格朗日本人——只要你能理解他的主张就行。请注意，我不考虑原创性方面的问题，只考虑理解本身。所以我才会用上面的方式来表述这个问题："说服自己"意味着产生理解。

如果要用术语来描述刚才我们考虑的这些问题的本质，那么它们都是 Π_1 命题（Π_1-sentence）。Π_1 命题指的是，关于某种特定的计算没有终点的断言。对于下面的讨论，我们只需要考虑这类命题。我想说服你，不存在这样一种 A 算法。

109 要达成这个目标，我需要稍微概括一下。我必须讨论一些基于自然数 n 的计算。下面是几个例子：

• 找到一个不是 n 个平方数之和的自然数。

我们已经看到，根据拉格朗日定理，如果 n 大于等于 4，这个计算就没有终点。但是，如果 n 不大于 3，计算就有终点。下一个计算是：

• 找到一个是 n 个偶数之和的奇数。

呃，n 是多少无关紧要——它不会为你带来任何帮助。无论 n 取什么值，这个计算都没有终点。对哥德巴赫猜想进行扩展，我们会得到：

• 找到一个大于 2，并且不是至多为 n 个质数之和的偶数。

如果哥德巴赫猜想为真，那么无论 n 取什么值（除了 0 和 1 以外），这个计算都没有终点。从某种意义上说，n 越大，问题就越简单。事实上，我相信，存在一个足够大的 n 的值，可以让我们确切地知道，这个计算“没有终点”。

重点在于，这类计算取决于自然数 n。实际上，这是著名的哥德尔观点（Gödel Argument）的核心。后面我会讨论阿兰·图灵形式下的哥德尔观点，但我使用这一观点的方式和他略有区别。如果你不喜欢数学论证，也许你可以跳过这一小段。重要的是结果。但无论如何，下面的论证不是很复杂——只是让人迷惑！

运用于数字 n 的计算，本质上是计算机程序。你可以列出一张计算机程序的单子，然后给每个程序附加一个数字，比如说 p。于是你给通用计算机输入了某个值为 p 的数，它开始吭哧吭哧地进行“第 p 种”计算，其计算规则适用于你选定的任意数字 n。在我们的标记系统里，p 被写作一个下标符号。所以，我挨个列出了这些运用于数字 n 的计算机程序，或者说计算。

110

$$C_0(n)，C_1(n)，C_2(n)，C_3(n)，\cdots\cdots，C_p(n)，\cdots\cdots$$

我们假设这张单子涵盖了所有可能的计算 $C_p(n)$，而且我们可以找到某种有效的方式来给这些程序排序，所以数字 p 标记的是这个排序里的第 p 种程序。这样一来，$C_p(n)$ 代表的就是运用于自然数 n 的第 p 种程序。

现在，让我们假设有某种可计算的过程 A，或者说 A 算法，它可以运用于一对数字（p，n），等到这个过程结束，它会清晰地向我们展示，计算过程 $C_p(n)$ 的确没有终点。不是每个愿望都能成真，从这个意义上说，也许的确存在某些没有终点的 $C_p(n)$ 计算，但它的 $A(p，n)$ 也没有终点。但我想坚持的是，A 不会犯错，所以，如果

$A(p, n)$有终点，那么 $C_p(n)$ 必然没有终点。我们不妨想象一下，人类数学家对一个数学命题（例如一个 Π_1 命题）进行严格论证（或学习）时，是按照某种计算过程 A 来行事的。假设他们被允许知悉 A 的内容，而且相信它是个可靠的过程。接下来我们要想象的是，A 封装了人类数学家在有力地证明计算没有终点时可用的所有过程。A 过程的起点是着

111 眼于字母 p 来选择计算机程序，然后它将视线转向数字 n，找到这套程序的作用对象数字。接下来，如果计算过程 A 走到了终点，这意味着 $C_p(n)$ 计算没有终点。因此，

如果 $A(p, n)$ 有终点，那么 $C_p(n)$ 没有终点。　　(1)

这就是 A 的使命——它提供了不容置疑的路径，让你能够说服自己，某些计算的确没有终点。

现在，假设我们使 $p = n$。这看起来可能是件有趣的事情。它就是著名的康托尔对角论证法（Cantor's Diagonal Procedure），用起来完全没有问题。这样一来，我们得出结论：

如果 $A(n, n)$ 有终点，那么 $C_n(n)$ 没有终点。

可是现在，$A(n, n)$ 只取决于一个数，那么 $A(n, n)$ 必然是计算机程序 $C_p(n)$ 中的一种，因为这张单子涵盖了所有运用于单变量 n 的计算。让我们假设这个完全等同于 $A(n, n)$ 的计算机程序被标记为 k。那么，

$$A(n, n) = C_k(n)$$

现在，我们使 $n = k$，然后我们发现：

$$A(k, k) = C_k(k)$$

接下来，我们看看语句1，继而得出结论：

如果 $A(k, k)$ 有终点，那么 $C_k(k)$ 没有终点。

但 $A(k, k)$ 完全等同于 $C_k(k)$。因此，如果 $C_k(k)$ 有终点，那么它就没有终点。这意味着它没有终点。这里面的逻辑非常清晰。但重点来了——这种特定的计算没有终点，如果我们相信 A，那我们就必须相信，$C_k(k)$ 没有终点。但 A 也没有终点，因此这个算法不“知道” $C_k(k)$ 没有终点。因此，归根结底，计算过程无法完整涵盖能确定某种特定计算没有终点——也就是说，使 Π_1 命题成立——的数学推理。这就是以我需要的形式表达的哥德尔-图灵观点的主旨。

112

你可能会质疑这个论证的说服力。它清晰表明了，数学家的洞察力不能以某种我们能够确信正确的计算方式进行编码。有时候人们会质疑这一点，但在我看来，它蕴藏的含义十分清晰。图灵和哥德尔对这个结果的看法十分有趣，值得一读。下面是图灵的说法：

> 那么换句话说，如果你期待一台机器绝对可靠，它就不能拥有智力。有几条定理几乎表达了同样的意思。但这些定理没说的是，如果一台机器没有假装绝对可靠，那么它可能展现出多少智力。

所以，他的意见是，哥德尔-图灵式的论证和另一个想法可以互相印证：如果数学家在探索数学真理时依据的算法过程在本质上有缺陷，那么他们和计算机没什么两样。我们可以把讨论局限在算法语句的范围内，比如说 Π_1 命题，这类语句的限制相当严格。我相信，图灵的确认为，人类的心灵确实会使用算法，只不过这些算法是错的，也就是说——它们实际上有缺陷。我觉得这个观点相当难以置信，尤其是因为，这里没有考虑人的灵感从何而来，只讨论了人在学习、理解时的可能方式。在我看来，图灵的立场没什么道理。按照我的分类，图灵应该属于A型人。

我们看看哥德尔怎么说。在我的分类里，他属于D型。因此，哪怕图灵和哥德尔面前摆着同样的证据，他们也会得出本质上完全相反的结论。无论如何，虽然哥德尔并不真正相信数学洞察力可以简化为计算，但他也无法彻底排除这种可能性。哥德尔是这样说的：

113

> 从另一个角度来说，基于目前已有的证据，依然存在这样的可能性：也许存在（甚至在实践层面上已经有人发现了）某种证明定理的机器，它实质上等价于数学直觉，但谁也无法**证明**它能做到这一点，也无法证明它产出的全是有限数论的**正确**定理。

他的观点是，直接运用哥德尔-图灵论证来反驳计算主义（或者说功能主义）是有漏洞的，因为数学家运用的算法过程可能没有缺陷，但我们没法确认它到底有没有缺陷。所以哥德尔认为，*可知*的部分是漏洞所在，图灵则着眼于*完善*的部分。

我个人的观点是，他们俩的观点都不能一锤定音。哥德尔-图灵定理说的是，如果有任何一个算法过程（在证明Π_1命题时）被确认是完善的，那么你立即可以拿出一些不在它体系内的东西。比如说，我们用的是某种无法确认是否完善的算法过程，此时可能存在某种让我们得以发展这种才能的学习设备。我在《心灵的影子》一书中对这个话题，以及其他很多话题的讨论多得令人作呕。现在我不想多聊这方面的问题。我只提两点。

这种假想的算法是从哪儿来的？就人类这个例子来说，它可能来自

图 3.7　对我们远古的祖先来说，解开复杂数学问题的特殊能力很难说是一种选择优势，但通用的*理解*能力就很有价值。

自然选择；而在机器人身上，它可能是通过构建 AI（人工智能）的方式被人为创造出来的。我不会详细讨论这方面的内容，只从我的书里摘两幅草图来简单说明一下。114

第一幅草图关乎*自然选择*（图 3.7）。你可以看到，从自然选择的角度来说，数学家的地位并不乐观，因为你看到，有一头剑齿虎正要朝他扑过去。反过来说，草图上他的表亲们在另一个地方捕捉猛犸，修建房屋，种植庄稼，诸如此类。这些事情都用得上理解力，但和数学没有太大关系。因此，理解力可能是我们被选择的原因，而专门解决数学问题的算法很难成为选择优势。

第二幅草图关乎 *AI 的人为构建*，我的书里有个小故事，讲的是未来的一位 AI 专家跟一个机器人展开了讨论（图 3.8）。书里描述的讨论全过程很长，而且很复杂——我觉得咱们没必要在这里把它全写出来。115

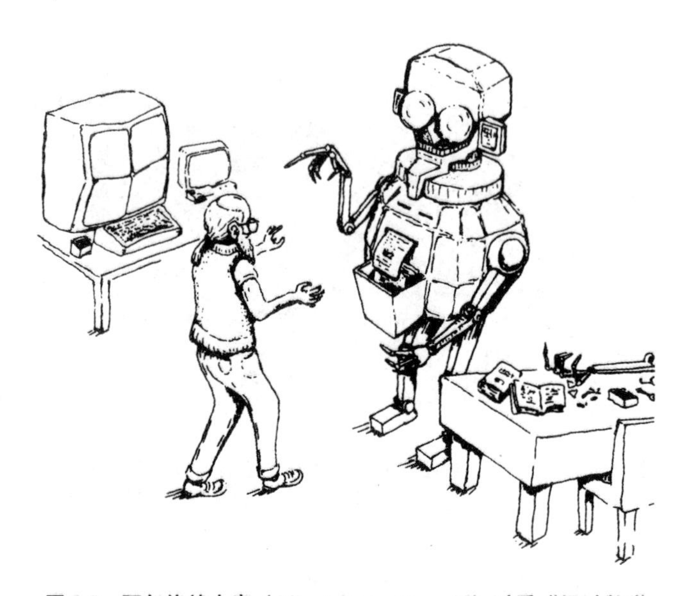

图 3.8 阿尔伯特大帝（Albert Imperator，AI）对质“经过数学证明的赛博系统”（Mathematically Justified Cybersystem）。《心灵的影子》的前 200 页一直在反驳那些批评我使用哥德尔-图灵论证的人。这些新论点的大部分内容都融入了 AI 本人和他的机器人的对话中。

我最初对哥德尔-图灵论证的运用，遭到了各界人士从不同角度发起的攻击，这里的所有争议点他们都说过。这些新论点的大部分内容，我都已试着融入了《心灵的影子》一书中 AI 本人和他制造的机器人的辩论里。

我们回到先前的问题，看看这是怎么回事。哥德尔的论证涉及数字的特殊表述。他告诉我们的是，任何计算规则系统都无法完整描述自然数的性质。尽管事实上我们没法通过计算的方式给自然数下个定义，但任何一个小孩都知道它是什么。你只需要给孩子看不同数量的物体，如

图 3.9 所示，要不了多久，他们就会从这些特例里提炼出自然数的概念。你没有给孩子一系列计算规则——而是让孩子得以“理解”自然数是什么。我要说的是，这个孩子可以与柏拉图式的数学世界建立某种“联系”。有人不喜欢用这种方式来描述数学直觉，但无论如何，在我看来，要弄清到底怎么回事，你必须多多少少站在自然的角度上看看。不知为何，自然数已经“在那里”了，它存在于柏拉图世界里的某个地方，我们可以凭借自己对事物的觉察力进入那个世界。如果我们只是没有脑子的计算机，我们就不会拥有这种能力。正如哥德尔定理所表明的，规则不能让我们理解自然数的特性。理解自然数到底“是什么”，这是柏拉图式接触的一个好例子。

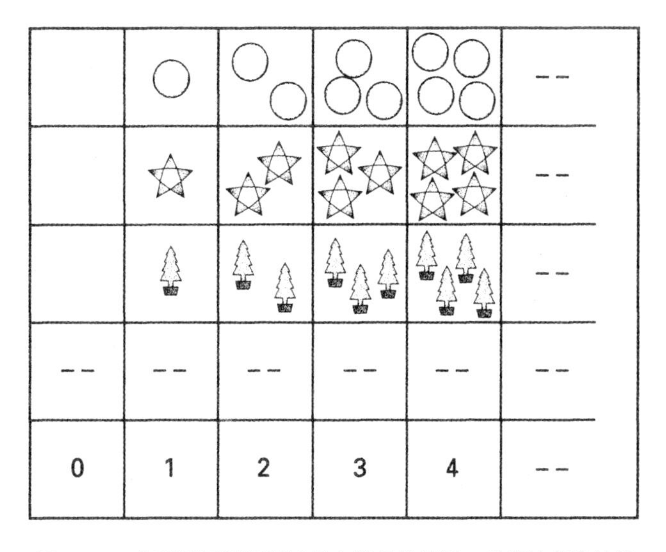

图 3.9　一个孩子只需要通过几个简单的例子，就能抽象出柏拉图式的自然数的概念。

所以，我要说的是，更普遍地说，数学理解力不是一种计算能力，而是完全不同的另一回事，它取决于我们对事物的觉察力。有人可能会说："呃，刚才你一直说的是，数学洞察力不可计算，这已经得到证明。

117 却没怎么说意识的其他形式。"但在我看来，这样就够好了。没有理由非得在数学理解力和其他理解力之间画一条线。这正是我在第一幅草图（图 3.7）中想要说明的事情。理解力并不局限于数学。人类发展出了这种通用的理解能力，它不是一种可计算的特质，因为数学理解力也不是。我也不会在人类的理解力和人类通用的意识之间画线。所以，虽然我说，我不知道人类意识是什么，但在我看来，人类的理解力就是意识的一个例子，或者至少它需要意识。我也不会在人类意识和动物意识之间画线。说到这里，我可能会跟各色人等产生冲突。在我看来，人类和其他很多动物十分相似，虽然我们理解事物的能力可能比某些表亲好一点点，但无论如何，它们同样拥有某种理解力，所以它们必然有一定的意识。

因此，意识的某些方面——尤其是数学理解力——的不可计算性，有力地暗示了不可计算性应该是所有意识的共同特征。这是我的意见。

那么，我说的"不可计算性"是什么意思？我围绕这个词说了很

118 多，但我应该举个不可计算的例子来说明自己的意图。接下来我将向你描述的例子常常被叫作"玩具模型宇宙"（toy model universe）——物理学家想不出更好的名字时就会干出这种事来。（其实也没那么糟啦！）玩具模型的重点在于，它不是作为宇宙的实际模型被提出来的。它可能反映了宇宙的某些特征，但不能严肃地被当作真实宇宙的模型。从这个意义上说，玩具模型自然不能当真。人们提出这个模型只是为了描绘特

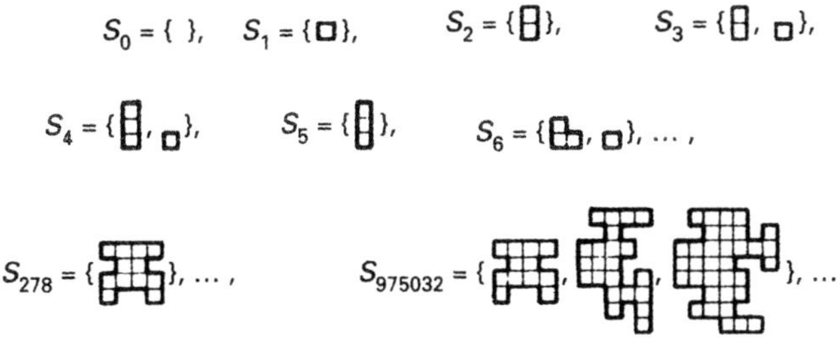

图 3.10　一个不可计算的玩具模型宇宙。这个确定但不可计算的玩具宇宙的不同状态，由成对的有限多联方块组决定。只要第一对多联方块组能铺满平面，那么随着时间的演化，我们就会按照数字顺序前进到下一对多联方块组和第二个“时间标”。如果第一对多联方块组无法铺满平面，那么随着演化的进行，两个多联方块组的位置需要交换。它的演化类似这样：（S_0，S_0），（S_0，S_1），（S_1，S_1），（S_2，S_1），（S_3，S_1），（S_4，S_1），……，（S_{278}，S_{251}），（S_{251}，S_{279}），（S_{252}，S_{279}），……

定的一点。

在这个模型里，时间是离散的，标记为 0，1，2，3，4……宇宙在某个时间的状态由一套*多联方块组*（polyomino set）约束。什么是多联方块组？呃，图 3.10 里列了几个例子。多联方块是一系列方块顺着各种样式的边线连缀起来形成的某种平面形状。我对多联方块很感兴趣。现在，在这个玩具模型中，任何时刻宇宙的状态由两套独立有限的多联方块组约束。在图 3.10 中，我设想了所有可能的有限多联方块组，并以某种可计算的方式将它们标记为 S_0，S_1，S_2……这个奇怪的宇宙会怎么演化呢？我们从时间零点的、成对的多联方块组（S_0，S_0）开始，然后根据特定的精确规则排列后面的多联方块组对。这条规则取决于你能不能只用这个选定的多联方块组铺满整个平面。所以问题在于，你能不能只用这组多联方块铺满平面，既没有缝隙也不重叠。现在，假设在某个时刻，玩具模型的宇宙状态由多联方块组对（S_q，S_r）决定。这个模型的演化规则是，如果你能用多联方块组 S_q铺满平面，那么就前进到下一个 S_{q+1}，于是下一刻的宇宙状态由（S_{q+1}，S_r）决定。如果铺不满，那你就得交换两个多联方块的位置，让它变成（S_r，S_{q+1}）。这是个非常119 简单又愚蠢的小宇宙——它的重点是什么？重点在于，虽然它的演化完全确定——关于这个宇宙的演化，我已经给出了非常清晰又绝对确定的规则——但它不可计算。根据罗伯特·贝格尔的一条定理，任何计算机都不能模拟这个宇宙的演化，因为任何计算过程都无法确认某个多联方块组能否铺满平面。

这表明了可计算和确定是两回事。图 3.11 里有几个多联方块的例子。在例子（a）和（b）里，这些形状可以铺满平面，如图所示。而在例子（c）里，左边和右边的形状都不能单独铺满平面——二者都会留120 下空隙。但它俩合起来就能铺满平面了，如图 3.11（c）所示。例子（d）也能铺满平面——它只能按照图中所示的方式才能铺满平面，这表明了这种铺砖块的活儿可以有多复杂。

但事情还能变得更糟。请容我给你看个例子，图 3.12——事实上，正是这类多联方块组的存在为罗伯特·贝格尔的定理奠定了基础。示意图上方的三种形状能铺满平面，但它们拼成的图案永远不会重复。只要你继续拼下去，不同的图案会源源不断地出现，所以你很难看明白它们到底能不能铺满。但无论如何，它的确能做到，这类形状的存在为罗伯特·贝格尔的论证奠定了基础，最终让他得出结论：任何计算机程序都无法模拟这种玩具宇宙。

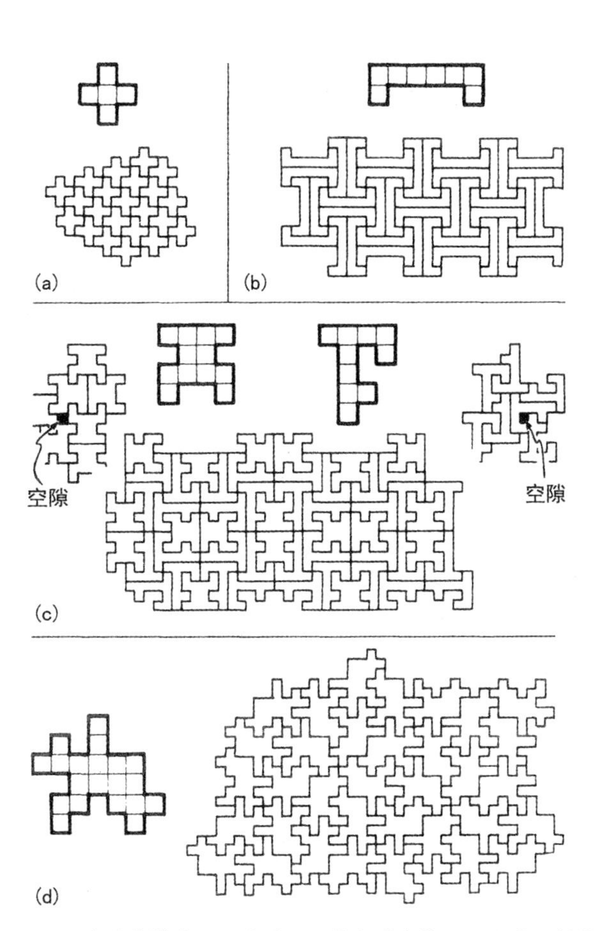

图 3.11　各种能填满无限欧氏平面的多联方块组（允许翻转的情况下）。但（c）组合中的任意一种多联方块都无法独自填满平面。

图 3.12　这组由三种形状组成的多联方块能填满平面，但它们组成的图形不具备周期性。

那么现实中的宇宙呢？呃，我在第 2 章中说过，我们的物理学里缺了一些基本的东西。从物理学本身的角度来说，我们是否有理由认为，缺失的这部分物理学中可能存在某些不可计算的东西？呃，我认为我们的确有理由相信这一点——真正的量子引力理论可能是不可计算的。这个想法并非凭空出现。我应该指出，不可计算是针对量子引力的两种独立方法的共同特征。这两种方法的独特之处在于，它们都涉及四维时空的量子叠加态。其他很多方法都只涉及三维空间的叠加态。

第一种是量子引力的杰勒西-哈特尔方案（Geroch-Hartle scheme），它拥有不可计算的元素，因为根据马尔可夫的理论，该方案会带来一个结果，它断言了拓扑 4 流形不能通过计算进行分类。我不会深入讨论这里面的技术细节，但它的确表明，当我们尝试将广义相对论和量子力学融合在一起的时候，这种不可计算的特性的确已经自然地出现了。

123

不可计算性在量子引力方法中的第二次亮相，出现在戴维·多伊奇（David Deutsch）的研究中。他在一篇论文的预印版中提出了这件事，但令人恼怒的是，等到论文正式出版的时候，这个论证却消失了！我问了他这件事，他向我保证，他之所以抽掉了这个点，不是因为它是错的，而是因为它和论文的其余部分没有关系。他的观点是，在这些有趣的时空叠加态里，你至少必须考虑这样的可能性：所有可能存在的宇宙里有一部分可能拥有封闭的类时间线（图 3.13）。在这样的宇宙中，因果关系完全失控，未来和过去融为一体，因果影响周而复始。现在，尽管这些需求扮演的只是反事实的角色，就像在第 2 章的炸弹测试问题中一样，但它们依然会影响实际发生的事情。我不会说这个论证有多严密，但它至少表明了，只要我们愿意去找，就能轻松地在正确的理论中

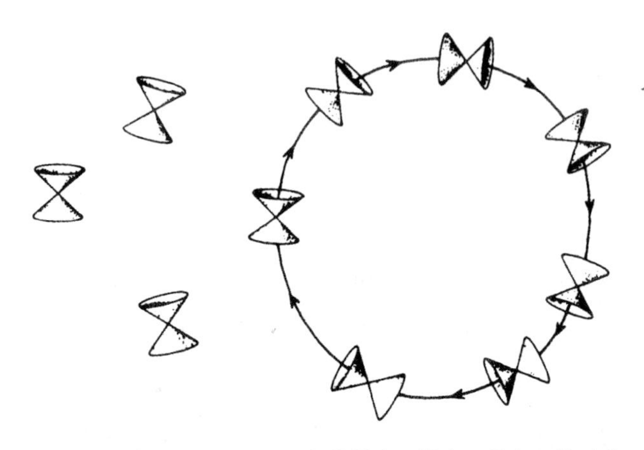

图 3.13 只要光锥在时空中倾斜的斜率足够大，就有可能形成封闭的类时间线。

发现一些不可计算的东西。

124

我还想提出另一个问题。我说过，确定和可计算是两回事。它确实对自由意志（free will）有一点影响。在哲学讨论中，自由意志总是和确定性（决定论）脱不开关系。换句话说，“我们的未来是由过去决定的吗?”以及诸如此类的事情。在我看来，除此以外，也许还有很多问题。比如说，“未来是由过去可计算地决定的吗?”——这是一个全新的问题。

这些考虑带来了其他各种问题。我只会把它们提出来——但肯定不会试图解答。我们的行为在多大程度上取决于遗传和环境，这方面的讨论总是层出不穷。奇怪的是，偶然因素（chance element）扮演的角色却很少被提及。从某种意义上说，这些事情都超出了我们的控制。你可能会问：“是否存在别的某种东西，或许可以称之为‘自我’（self），它不同于所有这些东西，也不受这些因素的影响?”这样的想法甚至关乎法律事务。比如说，权利或责任方面的问题似乎依赖于一个独立的“自我”的行为。这中间的事情可能相当微妙。首先是相对直接的确定性和不确定性的问题。一般意义上的不确定性只涉及随机因素，但这不能给你提供太多的帮助。这些偶然因素依然超出了我们的控制。你或许可以用不可计算性（non-computability）来取代它，或者说，更高层级的不可计算性。是的，奇妙的是，我先前提出过的哥德尔式的论点真能应用于不同的层面。它们可以应用于图灵所说的预言机（oracle machine）层面——事实上，这个论点适用的范围比我前面举过的例子广阔得多。所以，你必须考虑的问题是，是否可能存在某种更高层级的不可计算性，它和现实宇宙演化的方式有关。也许我们心中自由意志的感觉也与此有关。

我一直讨论的是与某种柏拉图世界发生联系——这种“柏拉图式联系”的性质是什么？有些词语看起来与不可计算的元素有关——比如说，判断、情理、洞察力、美感、同情、道德……在我看来，这些东西不仅关乎计算。截至目前，我在讨论柏拉图世界的时候主要是从数学的角度出发，但另一些东西我们或许也应该纳入考量。柏拉图肯定会主张，绝对的（柏拉图式）概念不光是真，还有善和美。如果我们的认知真能让我们与柏拉图的绝对建立某种联系，而且这些联系不能用可计算的行为来解释，那么我觉得这是一件重要的事情。

呃，那么我们的脑呢？图3.14画出了脑的一小部分。脑的主要结构是神经细胞（neuron）组成的系统。每个神经细胞都有一个重要的组成部分，它是一根很长的纤维，名叫轴突（axon）。轴突会在不同的位置产生分岔，每个分岔最终都通往一个突触（synapse）。这些突触是连接的节点，来自各

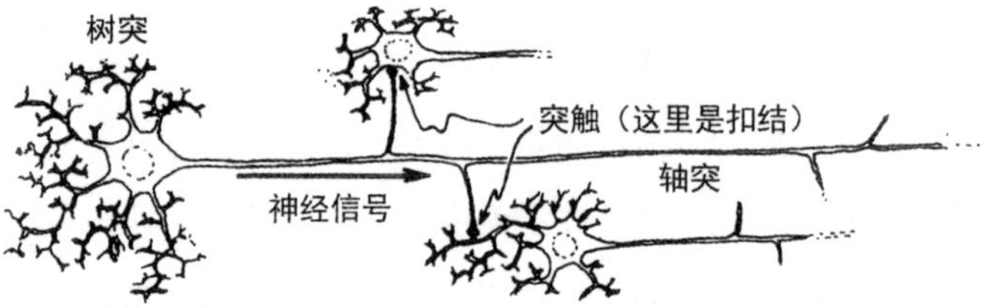

图 3.14　一个神经细胞的草图，它通过突触与其他神经细胞相连。

个神经细胞的信号以化学物质［神经递质（neurotransmitter）］的形式传向（主要是）其他神经细胞。有的突触是兴奋性的，它的神经递质会增强对下一个神经细胞的激励；另一些突触是抑制性的，它倾向于抑制对下一个神经细胞的激励。我们可以将某个突触在两个神经细胞间传递信息的可靠性定义为这个突触的强度（strength）。如果所有突触的强度都是固定不变的，脑和计算机就很相似。但事实上，这些突触的强度当然能变，围绕它们如何变化有各种各样的理论。比如说，赫布机制（Hebb mechanism）是对该过程最早的设想之一。不过重点在于，人们提出过的所有导致突触变化的机制都拥有可计算的特性，虽然它们附加了概率因素。所以，如果有一套可计算-概率性的规则约定了突触强度如何变化，你还是可以用计算机来模拟神经细胞和突触组成的系统的行为（因为概率因素也可以轻松地通过计算来模拟），由此我们将得到如图 3.15 所示的这类系统。

我们或许可以把图 3.15 里的单元想象成晶体管，它扮演的是脑部神经细胞的角色。比如说，我们可以设想一些特殊的电子设备，它们被称为人工神经网络（artificial neural network）。这些网络里包含了约束

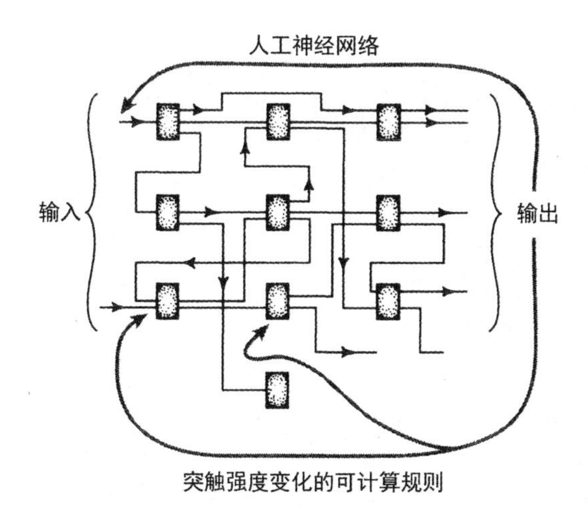

图 3.15

突触强度变化的各种规则，这通常是为了提升某些输出的质量。但这些规则总是可计算的。很容易看出来这种做法的必要性，因为唯其如此，人们才能在计算机上模拟这些事情。这是一种测试。如果你能把某个模型放到计算机上，那么它就是可计算的。比如说，杰拉尔德·埃德尔曼提出了一些关于脑工作机制的设想，他声称这些机制不可计算。他是怎么做的呢？他用一台计算机模拟了自己所有的设想。这样一来，如果这些机制可以通过计算机来模拟，那么它就是可计算的。

127

我想提一个问题："单个的神经细胞会做什么？它们充当的仅仅是计算单元吗？"呃，神经细胞是细胞的一种，而细胞是非常复杂的东西。事实上，细胞如此复杂，哪怕你只有一个细胞，你依然能做一些很复杂的事情。比如说，单细胞生物草履虫能游向食物，躲避危险，绕开障碍，而且它显然还能通过经验完成学习（图 3.16）。你可能觉得这些事

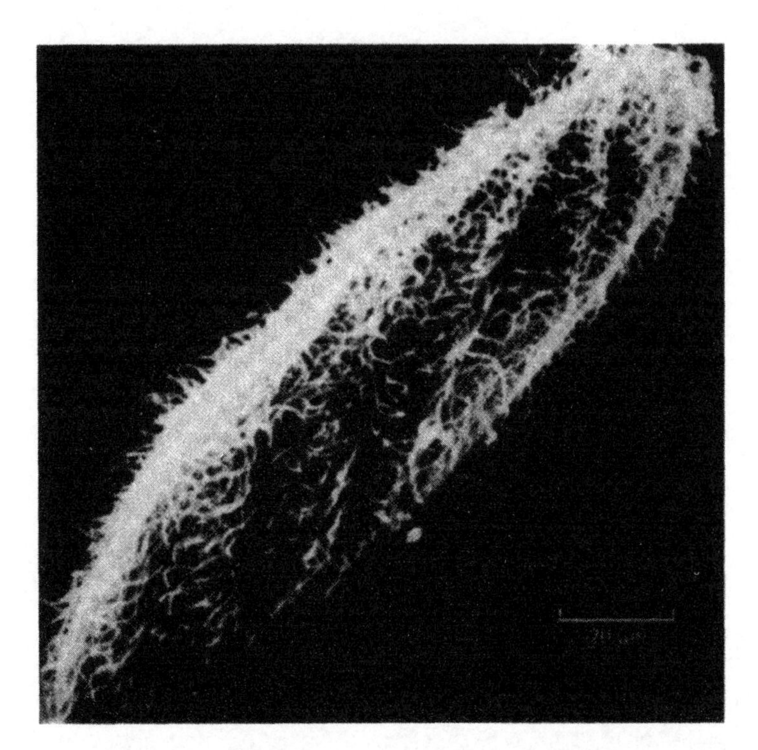

图 3.16　一只草履虫。请注意，图中头发似的纤毛是用来游泳的。这些纤毛组成了草履虫细胞骨架（cytoskeleton）的外“肢端”。

情都需要一套神经系统来完成，但草履虫肯定没有神经系统。你最多只能说，草履虫本身就是一个神经细胞！草履虫体内肯定没有神经细胞——它浑身上下一共只有一个细胞。同样的事情也发生在阿米巴虫身上。问题来了：“它们是怎么做到的？”

128

有一个设想是，这些单细胞动物的复杂行动由细胞骨架——这个结构支撑着细胞的形状——控制。以草履虫为例，它用来游泳的纤细毛发，或者说纤毛，是细胞骨架的末端，它们主要由微小的管状结构组成，我们称之为微管（microtubule）。细胞骨架由这些微管、肌动蛋白（actin）和中间纤维（intermediate filament）组成。阿米巴虫也会有效地利用微管来推动自己的伪足，移动身体。

129

微管是很神奇的东西。从本质上说，草履虫用来游泳的纤毛就是一簇簇微管。此外，微管和细胞的有丝分裂也关系匪浅。普通细胞的微管的确有这方面的特性，但在神经细胞里却不是这样——神经细胞不会分裂，这可能是个重要的区别。细胞骨架的控制中心是一种名叫中心体（centrosome）的结构，而中心体最重要的部分中心粒（centriole）由两簇微管组成，它们的形状像分开的字母“T”。随着中心体的分裂，在一个关键的阶段，中心粒的两个圆柱体会分别长出一个新的，由此产生两个“T”形的中心粒，然后它们各自拖着一簇微管彼此分离。这些微管纤维以某种方式，将分裂的中心体的两个部分分别与细胞核中的 DNA 链连接在一起，然后 DNA 链再彼此分离。这个过程开启了细胞分裂。

但神经细胞内不会发生这样的过程，因为神经细胞不会分裂，所以微管必须做另一些事。它们在神经细胞里会做什么？呃，它们可能会做很多事，包括在细胞内部运输神经递质分子，而且它们似乎参与了决定突触强度的过程。图 3.17 描绘了一个放大的神经细胞和突触，图中标出了微管和肌动蛋白纤维的大致位置。微管影响突触强度的方式之一，可能是对树突棘的性质施加影响（图 3.17）。这样的棘刺出现在很多突触里，它们显然可以生长、收缩或者以其他方式改变自身性质。这样的变化可以通过改变其内部的肌动蛋白来实现，肌动蛋白是肌肉收缩机制的必要组成部分。邻近的微管可以极大地影响肌动蛋白，进而影响突触连

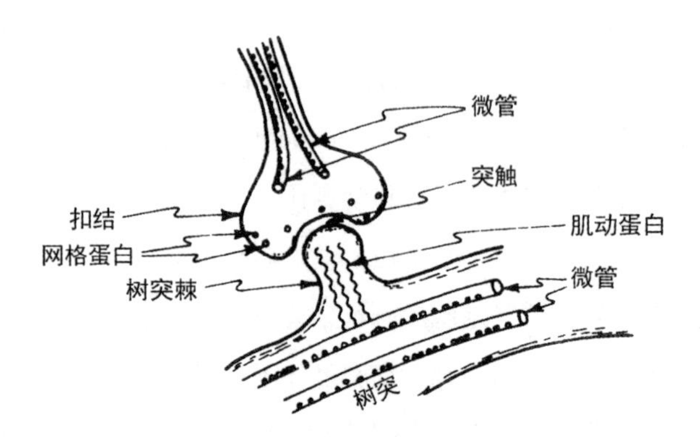

图 3.17 网格蛋白（和微管末端）分布在轴突的突触扣结上，它们似乎会影响突触的强度。这种影响可能是通过树突棘中的肌动蛋白纤维实现的。

130 接的形状或介电性能。微管影响突触强度的方式至少还有两种。它们肯定参与了传输神经递质的过程，这种化学物会将信号从一个神经细胞传往下一个。微管沿着轴突和树突传输神经介质，所以它们的活动会影响这些化学物在轴突末端和树突内部的浓度，进而影响突触强度。微管另一方面的影响体现在神经细胞的发育和退化中，它会改变神经连接网络本身。

什么是微管？图 3.18 绘出了它的草图。这些小管子由一种名叫微管蛋白（tubulin）的蛋白质组成。它们从很多方面来说都很有趣。微管蛋白似乎拥有（至少）两种不同的状态，或者说构造，而且它们能从一种构造变成另一种。显然，信息可以沿着这些管子传递。事实上，斯图尔特·哈默洛夫和他的同事提出了一些关于信号如何沿微管传递的有趣想

131 法。根据哈默洛夫的思路，微管的行为可能类似细胞自动机（cellular automaton），复杂的信号可以沿着这些管子传递。我们想象一下，假如

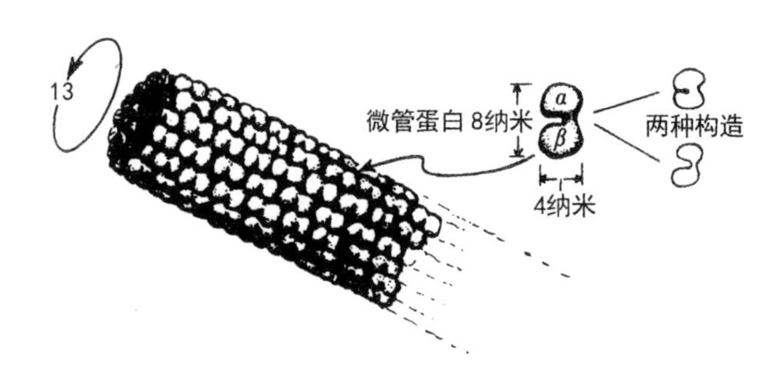

图 3.18　一根微管。它是一根中空的管子，通常由 13 列微管蛋白二聚体组成。每个微管蛋白细胞似乎都有（至少）两种构造。

每个微管的两种不同构造分别代表电子计算机里的“0”和“1”，那么一个单独的微管本身就像一台计算机——研究神经细胞行为的时候，我们必须把这一点纳入考量。每个神经细胞不仅仅是一个开关，实际上它涉及很多很多个微管，而每个微管都能完成非常复杂的任务。

接下来就要说到我自己的想法了。在我们理解这些过程的时候，量子力学可能非常重要。微管最让我激动的地方在于，它们是管子。作为管子，它们似乎有可能将管子内部发生的事情与外部环境中的随机活动隔离开来。在第 2 章中，我宣称我们需要某种新形式的 **OR** 物理学，如果要和我们现在的话题扯上关系，那么这种物理学中必然存在完全独立于环境的量子叠加宏观运动。这些管子里很可能存在某种宏观尺度上的量子相干活动，有点类似超导体。只有在这些活动开始与（哈默洛夫式的）微管蛋白构造结合起来的时候，才会出现显著的宏观运动，这样一来，这种“细胞自动机”行为本身也会受到量子叠加态的影响。图 3.19 描绘了这种可能发生的事。

132

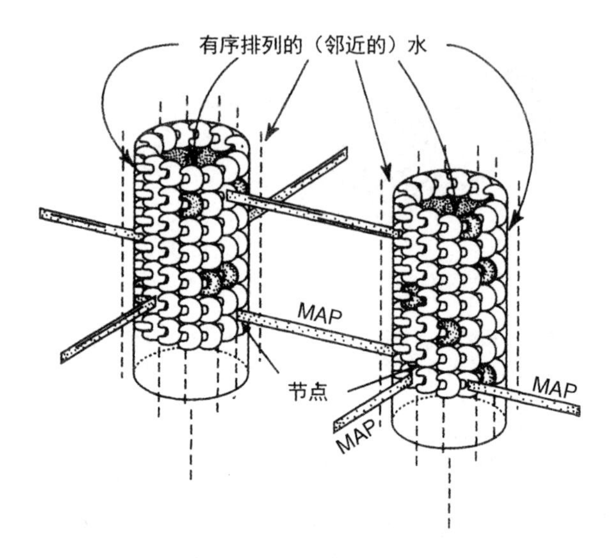

图 3.19 （许多）神经细胞内部的微观系统可能支撑着宏观的量子相干活动，不同的 OR 过程构成有意识的事件。这类活动需要有效的隔离，可能通过微管周围的水的有序排列来实现。微管结合蛋白（microtubule-associated protein，MAP）组成的互联系统可以“协调”这类活动，它们通过“节点”（node）与微管相连。

作为这幅图景的一部分，微管内部必然存在某种相干的量子振荡，它需要扩展到脑部相当大的区域。很多年前，赫伯特·弗勒利希[①]提出过大体属于这种类型的一些设想，他看似可信地指出，生物系统中可能存在这种性质的东西。宏观量子相干行为可能出现在什么结构里？微管似乎是个有力的竞争者。当我提到“宏观”这个术语的时候，你会想起

133

① 赫伯特·弗勒利希（Herbert Fröhlich，1905—1991），英国物理学家。出生于德国，1933 年移居英国。在超导电性等诸多领域有突出的贡献。1972 年获著名的普朗克奖章。——编辑注

我在第 2 章中描述了 EPR 谜题和量子的非局域效应，这表明空间上相距遥远的效应不能被视为互不相关。量子力学中存在这样的非局域效应，它们不能被当成彼此独立的事件来理解——这里发生了某种全局性的活动。

在我看来，意识就是一种全局性的东西。那么从本质上说，任何引发了意识的物理过程都必然具备全局的特性。从这个角度来说，量子相干性当然符合条件。要让这种宏观量子相干活动有可能发生，我们需要高度的孤立环境，正如微管壁可能提供的那样。不过，等到微管蛋白构造开始参与进来，我们还需要更严格的隔离。这种与环境更彻底的隔离可能来自微管外有序排列的水。有序排列的水（我们已经知道，活细胞里的确存在这样的东西）可能也是微管内部量子相干振荡得以发生的重要因素。虽然这个门槛很高，但上述设想可能并非全无道理。

从某个角度来说，微管内的量子振荡必然与微管的行为相辅相成，也就是哈默洛夫所说的细胞自动机行为，但是现在，他的想法必须与量子力学结合起来。因此，现在必然出现的不仅是普遍意义上的计算活动，还有涉及不同活动叠加态的量子计算。如果这就是事件的全貌，我们还是被困在量子层面上。从某个角度来说，量子态可能与环境发生纠缠。那么我们就能按照一般性的量子力学 R 过程，以一种看似随机的方式跳到经典层面。如果我们想要的是真正的不可计算性，这并不是什么好事。要完成这个任务，**OR** 不可计算的方面必须自动出现，这需要绝对的孤立。因此，我认为，我们的脑子里需要某种足够孤立的东西，唯其如此，新的 **OR** 物理学才有机会扮演一个重要的角色。我们需要为这些叠加态的微管计算做好准备，它们一旦开始就必须得到充分的隔离，

134

只有这样，新的物理学才能真正发挥作用。

所以目前我看到的图景是，这些量子计算在孤立于其他素材的情况下运行了足够长的时间——可能大约在“秒”这个量级上——于是我所说的那些条件取代了标准的量子过程，不可计算的因素开始出现，我们得到了一些本质上不同于标准量子理论的东西。

当然，这些想法里有大量猜测成分。但它们提供了一个远比其他方法更明确、更加可量化的切实可行的视角，帮助我们看待意识和生理过程之间的关系。我们至少可以开始算一算，要为这种 **OR** 活动的出现搭建舞台，到底需要多少神经细胞。我们需要估算一下 T，也就是我在第 2 章末尾提到过的时间尺度。换句话说，假设意识事件的确与这种 **OR** 过程有关，那么我们估算一下，T 的值会是多少？产生意识需要多少时间？这里有两种类型的实验，二者都与利贝特[①]及其同事的想法有关。其中一个实验着眼于自由意志，或者说主动意识（active consciousness）；另一个侧重于感觉，或者说被动意识（passive consciousness）。

135

首先，思考一下自由意志。在利贝特和科恩胡贝尔[②]（Kornhuber）的实验中，受试者被要求按下一个按钮，具体的时间完全取决于他（或她）自己的意志。受试者头上安装了电极，可以探测他们脑部的电活动。试验经过了多次重复，得到的结果也做了平均［图 3.20（a）］。重点在于，有清晰的证据表明，脑部电活动出现的时间比受试者相信自己

① 本杰明·利贝特（Benjamin Libet，1916—2007），美国生理学家。在人类意识、行为动机和自由意志的试验研究方面有开创性成就。——编辑注

② 汉斯·赫尔穆特·科恩胡贝尔（Hans Helmut Kornhuber，1928—2009），德国神经学家和神经心理学家。在“准备就绪潜能”（Bereitschaftspotential）等方面有突出贡献。——编辑注

136

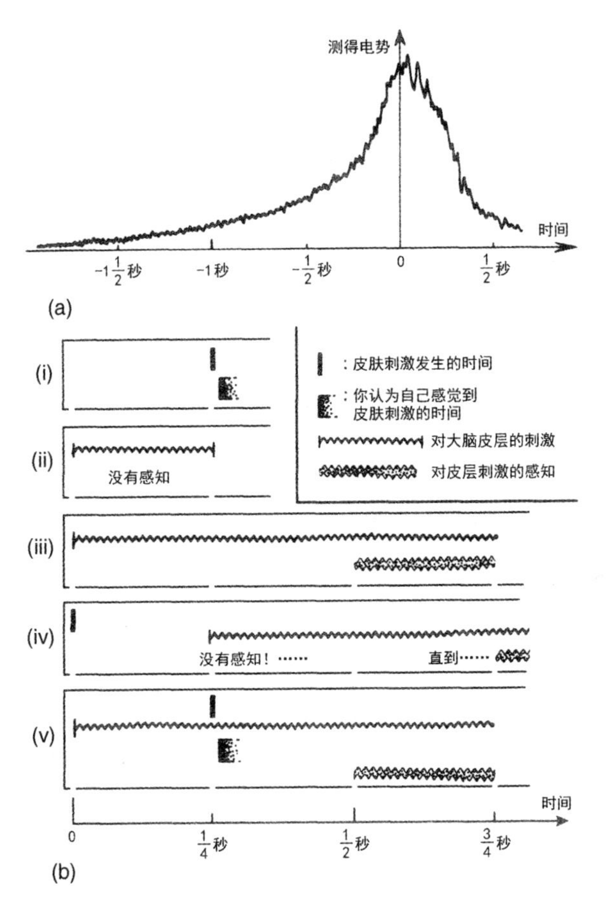

图 3.20　**(a) 科恩胡贝尔实验**，后来由利贝特及其同事重复并改进。弯曲手指的决策看起来是在时间为 0 时做出的，但前兆信号（通过多次试验进行了平均）显示脑部“预知”了弯曲手指的意图。

(b) 利贝特的实验。(i) 皮肤刺激被感知到的时间“看起来”和刺激实际发生的时间大体一致。(ii) 不超过半秒的皮层刺激没有被感知到。(iii) 超过半秒的皮层刺激从半秒以后开始被感知到。(iv) 这样的皮层刺激能“倒过去屏蔽”更早的皮肤刺激，这表明在皮层刺激发生的时候，对皮肤刺激的感知实际上还没有发生。(v) 如果在皮层刺激之后很快施加一次皮肤刺激，那么对皮肤刺激的感知会“回溯”到它实际发生的时刻，但对皮层刺激的感知却不会回溯。

真正做出决定的时间早了整整一秒。所以自由意志看起来似乎有某种时间延迟，其尺度多达一秒。

更令人震惊的是被动意识的实验，这些实验的难度更大。实验结果似乎表明，脑部电活动出现的时间比某人被动察觉某事的时间早了差不多半秒［图3.20（b）］。在这些实验中，最多直到皮肤刺激实际发生的大约半秒以后，实验者依然可以采取措施来阻断受试者对刺激的意识体验！在没有被阻断的情况下，受试者体验到的皮肤刺激出现的时间与它实际发生的时间一致。但这种体验在刺激已经实际发生以后仍有可能被阻断，其时间窗口最长可达半秒左右。这些实验让人十分迷惑，尤其是把它们放在一起看的时候。这意味着有意识的意志需要大约一秒钟的时间才会出现，有意识的感觉需要半秒左右。如果你觉得意识真有实际的作用，那么摆在你面前的几乎是个悖论。你需要半秒钟时间才能让事件进入意识。然后你试着让自己的意识参与其中，凭借它做成某件事。然后你还需要一秒钟时间才能让你的自由意志参与进来，也就是说——你总共大约需要一秒半。所以，面对任何需要你有意识地做出反应的事情，你都需要一秒半的时间才能真正调动自己的意识。呃，我觉得这相当难以置信。比如说，以日常的对话为例。在我看来，虽然有很多对话都不用动脑子，可以在无意识的状态下进行，但做出有意识的反应需要一秒半的时间，这个事实在我看来还是很奇怪。

137

我对这个问题的看法是，我们在诠释这些实验的时候使用的很可能基本都是经典物理学，这是一个隐藏的前提。还记得我们在炸弹测试问题中讨论过的反事实吧，反事实事件真能影响现实，哪怕它们并没有真正发生过。考虑到这个因素，你在运用正常逻辑的时候一不小心就会出错。我们必须时刻记住量子系统的行为特性，所以对于事件发生的真实时刻和我们对它发生时刻的感知这个问题上，量子非局域性和量子反事实的存在可能会带来一些有趣的结果。在狭义相对论的框架内理解量子的非局域性，这是一件很困难的事情。我个人的观点是，要理解量子非局域性，我们需要一套全新的理论。这套新理论不仅仅是对量子力学的轻微修正，而且是一套彻底不同于标准量子力学的东西，正如广义相对论之于牛顿引力。它必须拥有一套完全不同的概念框架。在这幅图景中，量子的非局域性应该是新理论不可或缺的内在组成部分。

在第 2 章中，我们看到量子的非局域性虽然十分让人迷惑，但仍能以数学方式来描述。请看图 3.21 中的不可能三角。你也许会问：“不可能在哪儿?”你能说出不可能的地方在哪里吗？你可以捂住这幅图的不同部分，无论你捂的是三角形的哪个部分，整幅图都会突然变得合理起来。所以你说不出这幅图具体哪个位置不可能——不可能存在于整个结 138 构的特性中。无论如何，你可以用数学方式准确地描述这类东西。你可以把这个三角形拆开再重新粘起来，然后从黏合图形的完整过程中提炼 139 出纯粹的数学概念。适用于这个案例的概念是上同调（cohomology）。上同调的概念让我们得以计算这种图形不可能的程度。这类非局域性的数学很可能和我们的新理论有关。

图 3.21 和图 3.3 看起来很像，这绝非巧合！我们故意把图 3.3 画成这样，是为了强调其中自相矛盾的要素。这三个世界相互联系的方式乍看之下十分神秘——每个世界似乎都是从上一个世界的一小部分中“涌现”出来的。但在图 3.21 的帮助下，凭借更深的理解，我们也许能用术语来描述这个谜团，甚至把它解开一部分。重要的是认识到谜团的存在。但存在谜团并不意味着我们永远无法理解它。

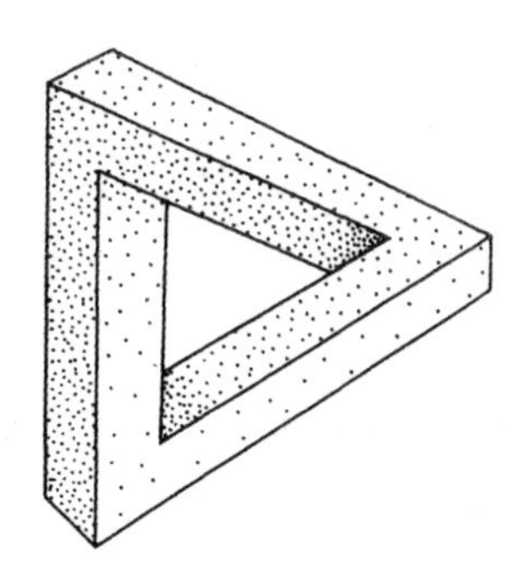

不可能在哪儿？

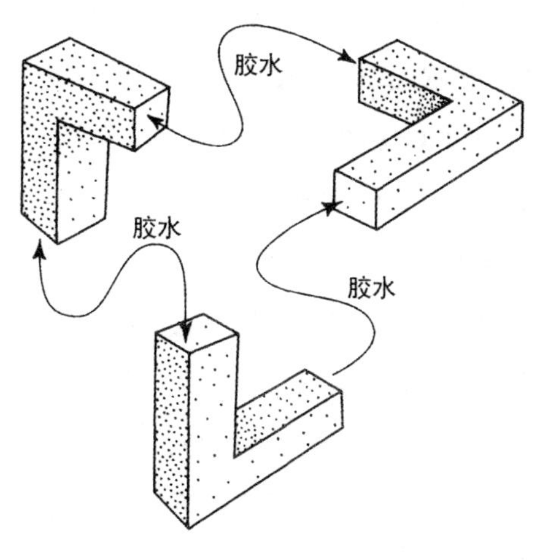

图 3.21 一个不可能三角。你说不清“不可能”的地方在哪儿；但这种不可能性可以用数学术语精确地定义为，构建这个三角形的“黏合规则”背后隐藏的抽象概念。

参考文献

Albrecht-Buehler，G.（1981）Does the geometric design of centrioles imply their function?

Cell Motility **1**, 237 - 45.

Albrecht-Buehler, G. (1991) Surface extensions of 3T3 cells towards distant infrared light sources, *J. Cell Biol.* **114**, 493 - 502.

Aspect, A., Grangier, P., and Roger, G. (1982). Experimental realization of Einstein-Podolsky-Rosen-Bohm *Gedankenexperiment:* a new violation of Bell's inequalities, *Phys. Rev. Lett* **48**, 91 - 4.

Beckenstein, J. (1972) Black holes and the second law, *Lett. Nuovo Cim.*, **4**, 737 - 40.

Bell, J. S. (1987) *Speakable and Unspeakable in Quantum Mechanics* (Cambridge University Press, Cambridge).

Bell, J. S. (1990) Against measurement, *Physics World* **3**, 33 - 40.

Berger, R. (1966) The undecidability of the domino problem, *Memoirs Amer. Math. Soc.*, No. 66 (72pp.).

Bohm, D. and Hiley, B. (1994). *The Undivided Universe*. (Routledge, London).

Davenport, H. (1968) *The Higher Arithmetic*, 3rd edn, (Hutchinson's University Library, London).

Deeke, L., Grötzinger, B., and Kornhuber, H. H. (1976). Voluntary finger movements in man: cerebral potentials and theory, *Biol. Cybernetics*, **23**, 99.

Deutch, D. (1985) Quantum theory, the Church-Turing principle and the universal quantum computer, *Proc. Roy. Soc.* (*Lond.*) **A400**, 97 - 117.

DeWitt, B. S. and Graham, R. D., eds. (1973) *The Many-Worlds Interpretation of Quantum Mechanics*. (Princeton University Press, Princeton).

Diósi, L. (1989) Models for universal reduction of macroscopic quantum fluctuations, *Phys. Rev.* **A40**, 1165 - 74.

Fröhlich, H. (1968). Long-range coherence and energy storage in biological systems, *Int. J. of Quantum. Chem.*, **II**, 641 - 9.

Gell-Mann, M. and Hartle, J.B. (1993) Classical equations for quantum systems, *Phys. Rev. D* **47**, 3345 - 82.

Geroch, R. and Hartle, J. (1986) Computability and physical theories, *Found. Phys.* **16**, 533.

Gödel, K. (1931) Über formal unentscheidbare Sätze der Principia Mathematica und verwandter System 1, *Monatshefte für Mathematik und Physik* **38**, 173 - 98.

Golomb, S. W. (1966) *Polyominoes*. (Scribner and Sons, London).

Haag, R. (1992) *Local Quantum Physics: Fields, Particles, Algebras*, (Springer-Verlag, Berlin).

Hameroff, S.R. and Penrose, R. (1996). Orchestrated reduction of quantum coherence in brain microtubules — a model for consciousness. In *Toward a Science of Consciousness: Contributions from the 1994 Tucson Conference*, eds, S. Hameroff, A. Kaszniak and A. Scott (MT Press, Cambridge MA).

Hameroff, S.R. and Penrose, R. (1996). Conscious events as orchestrated space-time selections. *J. Consciousness Studies*, **3**, 36 - 53.

Hameroff, S.R. and Watt, R.C. (1982). Information processing in microtubules, *J. Theor. Biol*. **98**, 549 - 61.

Hawking, S.W. (1975) Particle creation by black holes, *Comm. Math. Phys*. **43**, 199 - 220.

Hughston, L.P., Jozsa, R., and Wooters, W.K. (1993) A complete classification of quantum ensembles having a given density matrix, *Phys. Letters* **A183**, 14 - 18.

Károlyházy, F. (1966) Gravitation and quantum mechanics of macroscopic bodies, *Nuovo Cim*. **A42**, 390.

Károlyházy, F. (1974) Gravitation and quantum mechanics of macroscopic bodies, *Magyar Fizikai PolyoirMat* **12**, 24.

Károlyházy, F., Frenkel, A. and Lukács, B. (1986) On the possible role of gravity on the reduction of the wave function. In *Quantum Concepts in Space and Time* eds. R. Penrose and C. J. Isham (Oxford University Press, Oxford) pp. 109 - 28.

Kibble, T.W.B. (1981) Is a semi-classical theory of gravity viable? In *Quantum Gravity 2: A Second Oxford Symposium*; eds C. J. Isham, R. Penrose and D.W. Sciama (Oxford University Press, Oxford) pp. 63 - 80.

Libet, B. (1992) The neural time-factor in perception, volition and free will, *Review de Métaphysique et de Morale*, **2**, 255 - 72.

Libet, B., Wright, E. W. Jr, Feinstein, B. and Pearl, D. K. (1979) Subjective referral of the timing for a conscious sensory experience, *Brain*, **102**, 193 - 224.

Lockwood, M. (1989) *Mind, Brain and the Quantum* (Basil Blackwell, Oxford).

Lucas, J.R. (1961) Minds, Machines and Gödel, *Philosophy* **36**, 120 - 4; reprinted in Alan Ross Anderson (1964) *Minds and Machines* (Prentice-Hall, New Jersey).

Majorana, E. (1932) Atomi orientati in campo magnetico variabile, *Nuovo Cimento* **9**,

43-50.

Moravec, H. (1988) *Mind Children: The Future of Robot and Human Intelligence* (Harvard University Press, Cambridge, MA).

Omnés, R. (1992) Consistent interpretations of quantum mechanics, *Rev. Mod. Phys.*, **64**, 339-82.

Pearle, P. (1989) Combining stochastic dynamical state-vector reduction with spontaneous localisation, *Phys. Rev.*, **A39**, 2277-89.

Penrose, R. (1989) *The Emperor's New Mind: Concerning Computers, Minds, and the Laws of Physics*, (Oxford University Press, Oxford).

Penrose, R. (1989) Difficulties with inflationary cosmology, in *Proceedings of the 14th Texas Symposium on Relativistic Astrophysics*, ed. E. Fenves, *Annals of NY Acad. Sci.* **571**, 249 (NY Acad. Science, New York).

Penrose, R. (1991) On the cohomology of impossible figures [La cohomologie des figures impossibles], *Structural Topology [Topologie structurale]* **17**, 11-16.

Penrose, R. (1994) *Shadows of the Mind: An Approach to the Missing Science of Consciousness* (Oxford University Press, Oxford).

Penrose, R. (1996) On gravity's role in quantum state reduction, *Gen. Rel.Grav.* **28**, 581.

Percival, I. C. (1995) Quantum spacetime fluctuations and primary state diffusion, *Proc. R. Soc. Lond.* **A451**, 503-13.

Schrödinger, E. (1935) Die gegenwärtige Situation in der Quantenmechanik, *Naturwissenschaften*, **23**, 807-12, 823-8, 844-9. (Translation by J.T. Trimmer (1980) in *Proc. Amer. Phil. Soc.*, **124**, 323-38).

Schrödinger, E. (1935) Probability relations between separated systems, *Proc. Camb. Phil. Soc.*, **31**, 555-63.

Searle, J.R. (1980) Minds, Brains and Programs, in *The Behavioral and Brain Sciences*, Vol. 3 (Cambridge University Press, Cambridge).

Seymore, J. and Norwood, D. (1993) A game for life, *New Scientist* **139**, No. 1889, 23-6.

Squires, E. (1990) On an alleged proof of the quantum probability law *Phys. Lett.* **A145**, 67-8.

Turing, A. M. (1937) On computable numbers with an application to the Entscheidungsproblem, *Proc. Lond. Math. Soc.* (*ser. 2*) **42**, 230-65.; a correction

43, 544 - 6.

Turing, A.M. (1939) Systems of logic based on ordinals, *P. Lond. Math. Soc.*, **45**, 161 - 228.

von Neumann, J. (1955) *Mathematical Foundations of Quantum Mechanics*. (Princeton University Press, Princeton).

Wigner, E. P. (1960) The unreasonable effectiveness of mathematics in the physical sciences, *Commun. Pure Appl. Math.*, **13**, 1 - 14.

Zurek, W.H. (1991) Decoherence and the transition from quantum to classical, *Physics Today*, **44** (No. 10), 36 - 44.

第4章 | 关于精神、量子力学和潜在可能性的实现

艾伯纳・西蒙尼

引言

144

罗杰・彭罗斯最令我钦佩的是他刨根究底的精神——这种精神融合了专业技术、勇气和直抵事件核心的决心。他践行了希尔伯特的名言："我们必须知道，我们必将知道。"[1]对于他的探索行为，我同意他的三个基本观点。第一，精神可以用科学的方式来解析。第二，量子力学概念与身心问题有关。第三，量子力学里潜在可能性的实现问题是一个切实存在的物理问题，如果不对原有理论进行根本性的修正，就不可能解决。但是，针对罗杰对这三个观点的具体阐述，我有许多疑问，希望我的批评能激励他做出改进。

4.1 精神在自然中的地位

本书前三章大约四分之一的篇幅，和他的另一本书《心灵的影子》（以下简称为SM，涉及页码均为英文原版页码）大约一半的篇幅，用于

确立人类数学能力非算法的特性。希拉里·普特南①在对 SM 的评论[2]
145 中指出，书中的论证存在缺陷——罗杰忽略了这样一种可能性：存在某种能模拟人类数学能力的图灵机程序，但它不能被证明是完善的，这种程序存在的可能性如此复杂，实际上人类的头脑不能理解它。罗杰给普特南的答复[3]没有说服我，但从另一个方面来说，我对证明论的了解也不足以让我自信地做出裁定。但在我看来，这和罗杰的核心关注点没什么关系，作为一位登山者，他爬错了山峰。精神活动中存在任何人工计算机都无法模拟的东西，这是他的核心论点，但要证明这一点，不必非得证明人类的数学能力拥有非算法的特性。事实上，作为他提出的长哥德尔观点的补充，罗杰介绍了（SM，pp.40－1）约翰·希尔勒②提出的"中文房间"（Chinese room）观点，即自动机的正确计算不构成理解。这个论点的核心思想是，经过训练的人类受试者可以表现得像一台自动机一样，只要他能按照听到的中文指示做出行为，哪怕受试者不懂中文，并且知道自己不懂。受试者按照指示做出计算，这种行为的直接参照物有两个：通过理解做出计算的正常体验，以及像自动机一样做计算的反常体验。在这个实验中，通过计算确立的数学真理本身可能微不足道，尽管如此，机械式的计算和理解之间的区别依然显而易见。

按照罗杰的背书，希尔勒对数学理解力的维护也同样适用于意识体验的其他方面，例如感知的特性、对疼痛和愉悦的感觉、意志力、目的

① 希拉里·怀特哈尔·普特南（Hilary Whitehall Putnam，1926—2016），美国哲学家、逻辑学家，新实用主义的代表人物之一。在心灵哲学、语言哲学、科学哲学、逻辑学等诸多领域有重要影响。——编辑注

② 约翰·罗杰斯·希尔勒（John Rogers Searle，1932— ），美国当代哲学家。对语言哲学、心灵哲学和理智等问题的探讨有重要的贡献。——编辑注

性（对物体、概念或命题的经验式借用），诸如此类的东西。一般性的物理主义哲学有各种策略来解释这些现象。[4]在两面论中，这些体验被视为大脑特殊状态的不同方面；另一些理论将精神体验归结为大脑的一类状态，这类状态如此微妙，以至于无法给出它明确的物理特征，因此也无法将精神概念明确地“还原”为物理概念；而功能主义者的理论则将精神体验定义为形式程序，从原则上说，这些程序可以通过多种不同的物理系统实现，哪怕它们实际上是由神经细胞网络实现的，这也只是出于偶然。物理主义者总是反复提出一个观点，两面论尤其青睐这个观点，但其他物理主义流派也会用到它：以一组属性为特征的实体，可能等同于以另一组完全不同的属性为特征的实体。这些特征可能涉及不同的感官形式，或者其中一组由感官定义，另一组由微观物理学定义。沿着这个方向再往下走，这意味着某种精神状态与某种大脑状态（或者某类大脑状态，或者某个程序）的身份对应正是这种普遍身份逻辑的一个例子。在我看来，这样的推理存在严重的错误。如果以某种感官形式为特征的对象与另一个以另一种感官形式为特征的对象能够对应起来，这意味着存在两条因果链，它们拥有两个共同的终点，一头连着同一个对象，另一头连着感知者的意识剧场，而这两条因果链跟环境以及跟感知者的感官和认知器官之间不同的因果联系只存在于中间的位置。如果某种脑状态与某种精神状态能够对应起来，那么根据两面论版的物理主义，我们不难找出那个作为共同终点的对象到底是什么：事实上，它就是脑状态本身，因为物理描述在本体论中占据首要地位，这是物理主义的核心要旨。但另一个终点，感知者的意识剧场，却缺席了。或者你应该说，两面论里有很多模棱两可的东西，因为这套理论默认存在一个共

146

147

同的剧场，它是物理和精神两个方面进行结合和比较的场所，但从另一个方面来说，如果物理主义是对的，这个剧场就没有独立的地位。

反对物理主义的另一种观点依赖于一种哲学原理，我称之为“现象学原理”（the phenomenological principle，但我欢迎更好的名字，无论来自已有的文献还是新的建议），即：一套合乎逻辑的哲学无论采用哪种本体论，这种本体论都必须足以解释现象。根据这条原理，物理主义就不合逻辑。物理主义的本体论可能——实际上也经常会——假设性地提出一套本体层次结构，它的基础层一般由基本的粒子或场组成，更高的层级则由这些基本实体形成的复合物组成。这些复合物可以通过不同的方式完成标记：细粒度特征详细描绘了不同的微观状态；粗粒度特征来自对细粒度描述的求和、平均或积分；相关特征依赖于该复合物系统与仪器或感知者之间的因果联系。在这种自然的概念中，感官现象的位置在哪里？它们不能算作细粒度特征，除非将精神特性偷偷塞进基本的物理学里，但这完全和物理主义的纲领背道而驰；它们也不能算粗粒度的描述，除非借助某种类似两面论的东西，但我们已经在前面指出了这类理论的缺点；最后，它们不能算作相关特征，除非该对象与某个拥有感知能力的主体存在因果联系。总而言之，感官现象在物理主义本体论中没有立足之地。

这两种反对物理主义的观点，思路都很简单，但很有说服力。你很难找到反驳它们的角度，也很难理解，如果不是考虑到几个可怕的大问题，心灵在本体论中为什么会被看作一种衍生品。第一个问题是，完全没有任何证据表明，精神独立于高度发达的神经系统而存在。正如罗杰所说，“如果‘心灵’真是某种高度独立于物理身体以外的东西，那么

148

我们很难看出，它为什么有这么多属性与物理大脑的特性密切相关”（SM，p.350）。第二个问题是，大量证据表明，神经结构是由缺乏此类结构的原始生物演化出来的，而且实际上，如果生物出现前的演化理论是正确的，那么神经结构的起源可以一直追溯到无机的分子和原子。第三个问题是，根据基础的物理学，这些无机成分不具备精神属性。

A. N.怀特海（A.N.Whitehead）的“有机哲学”[5]（philosophy of organism，它脱胎自莱布尼茨的单子论）有一个精神性的本体，上面的三个问题它全都考虑到了，只是添加了一些隐晦的限制条件。这套哲学的终极实体是“现实时刻”（actual occasion），它们不是持久的实体，而是时空量子，每个时空量子——通常在极低的层次上——都拥有精神性的特征，譬如“经验”，“主观的即时性”，或“欲望”。这些概念的含义源自我们内心的高层次精神状态，但在这个熟悉的基础上，它们还得到了极大的拓展。在怀特海眼里，物理学的基本粒子实际上是由许多时刻组成的时间链条，它可以几乎完全无损地用普通的物理学来描述，因为它的经验模糊、单调、重复；但无论如何，这样的描述多少还是有损耗：“那么作为物理学的基础，物理能量的概念必须被视作从有感情、有目的的复杂能量中抽象出来的；在最终的融合中，每个时刻都将自我完善，复杂能量是这种融合的主观形式的固有组成部分。”[6]原始的精神性只有通过高度组织化的多个时刻的集体演化才能变得强烈、连贯、有完整意识：“在生物的运作中，无生命物质的既有功能原封不动地保留了下来。事情看起来似乎是这样的，在显然有生命的物体内部，已经达成了某种妥协，使得某些固有的功能在最终的时刻凸显出来。”[7]

怀特海的名字没有出现在 SM 的索引里，他在《皇帝新脑》[8]中的唯一一次亮相是，作者提到了怀特海和罗素所著的《数学原理》（*Principia Mathematica*）。我不知道罗杰为什么忽略了这位哲学家，但我可以提出一些我自己的反对意见，怀特海可能会对此表示赞同。怀特海认为，他的精神本体论可以解决没有心灵的物理世界与拥有高层次意识的心灵之间的"自然的分歧"。他之所以给所有时刻赋予低层次的原始精神性（protomentality），正是为了弥合二者之间的巨大鸿沟。但是，基本粒子的原始精神性与人类高层次精神体验之间的分歧难道不是同样巨大吗？到底有没有哪怕一星半点的证据，能证明低层次原始精神性的存在？如果不是为了在早期宇宙和如今这个居住着有意识生命体的宇宙之间建立连续性，会有人提出这个假说吗？如果除此以外没有其他理由，那么"原始精神性"这个词里的"精神"这个语素不就变得含义模糊了吗？整个有机哲学岂非也会随之变成以问题作为答案的语义游戏？此外，作为宇宙的终极实体，现实时刻的概念是否构成了某种原子论，它肯定比德谟克利特和伽桑狄的理论更丰富，但不符合我们高层次的体验所揭露的心灵的整体特质？

我将在下一个部分提出，如果利用从量子力学中汲取的某些概念[9]建立一种现代版的怀特海学说，这些反对意见都能在一定程度上得到解答。

150

4.2 量子理论概念与身心问题的关系

量子理论最具颠覆性的概念是，一个系统的完整状态——即该系统最完整的定义——不仅包含了该系统的实际特性，还必须包括它"潜在的可能性"（potentialities）。潜在可能性的概念暗含在叠加原理中。如

果某个量子系统的特性 A 和态矢量 ϕ（为了方便起见，假设其单位统一）已经确定，那么 ϕ 可以表达为 $\sum_i c_i u_i$，其中每个 u_i 都是一个单位统一的态矢量，代表一种 A 有确定值 a_i 的状态，每个 c_i 都是一个复数，$|c_i|^2$ 之和为 1。那么 ϕ 就是一个 u_i 拥有合适权重的叠加态，除非这个和里只有一个项，否则在 ϕ 代表的状态下，A 的值是不确定的。如果这个量子态是现实的诠释，能代表系统自身的状态，而不是大致的描述；而且这里的量子描述是完善的，不会被任何补充的“隐藏变量”影响——那么这种不确定性就是客观的。此外，如果该系统和它所在的环境以某种方式互动，使 A 变得确定，比如说，通过测量，那么得到的结果取决于客观的机会，而且在各种可能的结果中，有 $|c_i|^2$ 的概率是客观的概率。如果将量子态描述成一张潜在可能性的网络，就能把客观不确定性、客观机会和客观概率的这些特征全都囊括进去。

量子理论第二个颠覆性的概念是“纠缠”(entanglement)。如果 u_i 是单位统一的态矢量，代表系统Ⅰ的状态，在这些状态下，特性 A 有确定的值；而 v_i 是系统Ⅱ的态矢量，特性 B 在这些状态下有确定的值，那么拥有独特特征的复合系统Ⅰ＋Ⅱ就有一个态矢量 $X=\sum_i c_i u_i v_i$($|c_i|^2$ 之和为 1)。Ⅰ和Ⅱ都不在纯粹的量子态里。说得具体一点，Ⅰ不是 u_i 的叠加态，Ⅱ也不是 v_i 的叠加态，因为这样的叠加忽略了 u_i 和 v_i 的相关性。因此，X 是某种整体的状态，即“纠缠”。这样一来，量子理论就拥有了一种在经典物理学中找不到对应物的复合模式。比如说，如果发生了一个过程，A 被赋值为 a_i，从而得以实现，那么 B 也将自动实现，并获得一个确定值 b_i。所以，纠缠意味着Ⅰ和Ⅱ的潜在可能性总

是同步实现。

我在 4.1 节的末尾故作神秘地提出的现代版怀特海学说，从根本上包含了潜在可能性和纠缠的概念。借助潜在可能性这件工具，我们可以弥合模糊的原始精神性与高层次意识之间的尴尬分歧。哪怕是拥有高度发达的大脑的复杂生命体也可能变得没有意识。意识和无意识之间的转换不一定非得解释为本体地位的变化，它也可以是状态的变化，特性可以从确定向不确定传递，反之亦然。在一个简单的系统（比方说一个电子）里，你最多只能想象从完全不确定的体验到最微小的闪光之间的转变。但是，就在这个节点上，第二个概念——纠缠——登场了。在一个处于纠缠态下的多体系统里，可观察的特性比单个粒子多得多，这些可观察特性组成的谱系往往也比作为系统之组分的粒子的特性谱系广泛得多。可以想象的是，虽然每个基本系统拥有的精神属性范围都很狭窄，但这些系统纠缠在一起，就能涵盖一个广阔的范围，可以从无意识一直延伸到高层次的意识。

152

这种现代版的怀特海学说与罗杰运用量子概念解答身心问题相比，孰优孰劣？在 SM 的第 7 章和本书的第 2、3 章里，罗杰将潜在可能性和纠缠这两个了不起的概念当成了讨论的基石。潜在可能性出现在他推断神经细胞系统做“量子计算”的时候，处于叠加态下的每个分支都会做出独立于其他分支的计算（SM，pp.355－6）。纠缠（罗杰通常称之为“相干性”）则出现在好几个场合，罗杰利用它来解释这些计算的性能：在神经细胞的运作中，细胞壁中的微管应该承担着组织者的角色，为了完成这个任务，就得假设微管处于纠缠态（SM，pp.364－5）；这样一来，单个神经细胞的微管应该处于纠缠态，最终由此推断，大量神经细胞也处于纠缠态。之所以需要宏观的纠缠，是因为“某种形式的量子相干性扩展到了整个脑部相当可观的部分，唯其如此，一个整体的心灵才会出现在这个描述中。”（SM，p.372）罗杰坚称，超导和超流体现象的存在为他的设想提供了合理性，尤其是高温超导现象，根据弗勒利希的计算，宏观纠缠可能出现在体温环境的生物系统中（SM，pp.367－8）。罗杰对心灵的论证中，另一个量子概念不是出自现有的量子理论，而是来自他设想中的未来的量子理论，这部分内容我放到 4.3 里讨论。这个概念就是叠加态的主观还原（缩写为 **OR**），即可观测的 *A* 的实际值是从初始的众多可能值中挑选出来的。要构建一套心灵理论，这样的实现不可或缺，它来自那些确凿存在于我们意识体验中的现象，即明确的感觉和思考。就算真的存在量子计算这样的东西，我们也需要这样的实现，因为叠加态下各分支的平行计算结束的时候，我们必须读出一个确定的“结果”（SM，p.356）。最后，罗杰推测，**OR** 提供的是精神活动中不可计算的方面。

153

从现代版怀特海学说的角度来看，罗杰的心灵理论中缺少的——有意或无意——是将精神性视为某种宇宙基本本体的想法。我在 4.1 中提到过物理主义的多个流派，他们都把精神特性当成脑状态的结构性特征或者神经集合的计算程序。罗杰为“物理支持精神”的理念提供了新的养料——具体说来，他提出了宏观量子相关性的存在，并推测量子动力学应该进行修正，由此实现叠加态的还原。但这些复杂的理论无法动摇 4.1 中提到的那些针对物理主义的原始而有力的反对意见。我们的精神生活在物理主义者的本体论中没有立足之地，而遵循量子规则的物理主义仍然是物理主义。反过来说，怀特海的有机哲学完全是物理主义的反面，因为它将精神属性赋予了宇宙中最原始的存在，并因此从理论上丰富了它们的物理描述。我试验性地提出的现代版怀特海学说，没有用量子理论取代精神性的基本本体地位，而是把它当成一种智力工具，用来解释精神性在这个世界上多不胜数的表现形式，从对固有精神性的全面抑制到高层次的增强。

二者的差异也可以换种方式来说。量子理论是一个框架，采用了状态、可观测、叠加态、跃迁概率和纠缠等概念。物理主义者将这套框架成功地应用到了两种截然不同的本体上——一种是粒子的本体，也就是非相对论的标准量子力学中的电子、原子、分子和晶体；另一种是场的本体，包括量子电动力学、量子色动力学和一般的量子场论。可以想象的是，量子理论可以应用于完全不同的各种本体，例如心灵的本体，二元论的本体，或者某些被赋予了原始精神性的存在的本体。量子理论在物理主义中的普遍应用，成功地解释了复合系统中诸多的可观测现象，无论是宏观肉眼可见的，还是微观物理学的。在我看来，罗杰试图做的也是类似的事情：通过对量子理论的巧妙应用，在物理主义本体论的基础上解释精神现象。反过来说，现代版的怀特海学说将量子理论的框架运用到了一套从骨子里就是精神主义的本体论上。不可否认的是，现代版的怀特海学说才刚起步，仅有大体的轮廓，缺乏清晰的理论预测和实验印证，因此很难说是一套“有前途的”理论。但这套学说的宝贵之处在于，它承认了精神性的基本本体地位，这是物理主义的所有流派都缺乏的。也许我误解了罗杰，也许实际上他对怀特海的认同比我以为的多。无论事实如何，如果他能直言不讳，那么他的立场就会清晰很多。

无论是现代版的怀特海学说还是其他任何心灵量子理论，要想在科学上成熟稳固，就必须花费更多的注意力来研究精神现象。有的现象颇具“量子风味”，比如说：从外围视觉到焦点视觉的转换，从意识到无 155 意识的转换，心灵在身体中的广泛存在，目的性，心理事件的时间定位异常，以及弗洛伊德象征主义的合并和暧昧性。关于量子理论和心灵的关系，有几本重要的书籍解释了拥有量子风味的精神现象，其中尤其值得一提的是洛克伍德（Lockwood）[10] 和斯塔普（Stapp）[11] 的著作。罗杰本人也讨论了其中某些现象，例如科恩胡贝尔和利贝特测量被动意识和主动意识出现时间的实验（SM，pp.385－7）。

量子理论对心灵的严肃应用，还必须考虑态空间和可观测组的数学结构。量子框架不提供这些东西。在非相对论的标准量子力学和量子场论中，决定这些结构的方式有几种：基于对时空群代表物的考虑来确定，基于对经典力学和经典场论的类推来确定，当然还有基于实验来确定。薛定谔发表于 1926 年的一篇关于波动力学的伟大论文提出了一个富有成果的类比：几何光学之于波动光学，正如粒子力学之于假想的波动力学。从发散思维的角度来说，考虑一种新的类比或许也有价值：经典物理学之于量子物理学，正如经典心理学之于假想的量子心理学？当然，采用这一类比的困难之一在于，比起经典物理学结构，大众对“经典心理学”结构的了解要少得多，而且后者可能天然不如前者那么稳固确凿。

还有一个更进一步的建议。量子概念或许可以应用于心理学，但不宜有量子物理学中的那么多几何结构。就算真的存在精神态空间这样的东西，我们就能假设这个空间拥有可投影的希尔伯特空间结构吗？确切地说，如果一个内积被定义在任意两个精神态之间，它就能决定从其中 156

一个态到另一个态的跃迁概率吗？难道就没有这样的可能性：自然界中存在一种更弱的结构，虽然它也是量子结构？梅尔尼克在几篇非常有趣的论文[12]中提出，“混合”态可以以一种以上的方式表达为纯态的凸组合，这是一个最简单的量子概念，但在经典统计力学中，将混合态表达为纯态的方式只有一种。进一步的推测是，颜色现象可以佐证梅尔尼克的想法，比如说：要让人感知到白色，有很多种不同的有色光组合。

4.3 潜在可能性实现的问题

在第 2 章中，罗杰把潜在可能性实现的问题（又叫波包还原问题、测量问题）归类为 X 型谜团，即只有对理论进行彻底的革新才能解决的问题，不能通过习惯祛魅。我完全同意。如果量子理论客观描述了一个物理系统，那么该系统的可观测对象在特定状态下是客观不确定的，但只要进行测量就会变得确定。但量子理论的线性动力学妨碍了测量手段的实现。线性带来的后果是，测量设备和对象组成的复合系统的最终状态是一种叠加态，在这种状态下，设备可观测的“指针”有不同的值。对于这个谜团，我和罗杰一样不相信目前的所有解释，例如多世界解释、退相干、隐变量，等等等等。在测量过程中的某个阶段或另一个阶段，量子态的幺正演化打破了，由此发生了实现。但在哪个阶段呢？这里有很多可能性。

157

这个阶段可能是物理性的，它可能出现在某个宏观系统与某个微观系统发生纠缠的时候，或者时空度规与物质系统发生纠缠的时候。或者这个阶段是精神性的，发生在观测者的心理层面上。罗杰假设这个实现是一个物理过程，它之所以会发生，是因为时空度规的两个或两个以上状态组成的叠加态不稳定；叠加的几个状态之间的能量差越大，叠加态存在的时间就越短（SM，pp.339 – 46）。不过，除了这个猜想以外，罗杰还下定决心要解释意识中的真实体验，二者相结合，就产生了一些棘手的约束条件。如前所述，要解释心灵的整体性，他需要脑状态的叠加，但比如说，看见红色闪光和看到绿色闪光，这样的叠加过于奇怪，要么根本不会发生，要么转瞬即逝，很难对意识产生影响。罗杰有些试探性地、模糊地辩护说，对应于这种差异明显的感知的不同脑状态之间的能量差，大得足以产生一个短暂存在的叠加态。但是，他在几个地方（SM，pp.409，410，419，342 – 3）承认，他的尝试就像在走钢丝，因为他一方面必须维持足够的相干性，才能解释心灵的整体性；另一方面必须打破足够的相干性，才能解释明确的意识事件。大脑和心灵如何沿着罗杰画就的框架稳定地完成日常工作，这真是个难解的谜团。

为解释潜在可能性的实现而衍生出来的量子动力学修正模型有很多，无论是罗杰还是其他研究者都还没有对它们进行全面的探索。我应该简单介绍一下我个人觉得值得注意的两条路。罗杰提到过吉拉尔迪-里米尼-韦伯[①]和其他的自发还原模型，并对之进行了中肯的批评（SM，p.344），但这种动力学的某些变体也许能逃脱他的批评。罗杰没有提到的第二条路是，自然界可能存在某种“超级选择规则”，它能预防有明显区别的同分异构体或巨分子形态发生叠加。人们之所以会产生这种猜想，是因为考虑到巨分子在细胞中往往承担着开关的作用，它会根据细胞形态关闭或开启某些过程。如果两种有明显区别的形态发生了叠加，

158

① 指意大利物理学家贾恩卡洛·吉拉尔迪（Giancarlo Ghirardi）、阿尔博托·里米尼（Alberto Rimini）以及图利奥·韦伯（Tullio Weber）。——编辑注

我们就会看到细胞版的薛定谔的猫——某个过程会卡在发生和没发生之间的模糊地带。如果自然界遵循某种能阻止这类叠加的超级选择规则，就能避免这种尴尬，但背后的原因令人费解：既然自然界允许简单分子的形态发生叠加，那么它为什么要禁止复杂分子的形态叠加呢？二者之间的界限在哪里？不过，这种超级选择也许能解释我们有充分证据的潜在可能性的所有实现情况，而且它或许能通过分子光谱学得到验证，这是一种弥足珍贵的特性。[13]

最后值得一提的是，从怀特海学说的角度来看，潜在的可能性通过感知者的心理完成实现，这一假说其实没有人们通常认为的那么荒谬、人类中心、神秘和不科学。根据怀特海的观点，某种类似精神性的东西在自然界广泛存在，但高层次的精神性只有在综合条件适宜的特殊场合才可能演化出来。某个系统实现潜在可能性并由此修正量子力学线性动力学的能力，虽然可能在自然界中广泛存在，但通常微不足道，只有在拥有高层次精神性的系统里才值得注意。不过，我想给这种宽泛的表达加一个限制条件：如果某种学说将还原叠加态的力量归因于心理层面，那么它必须能够周密地应用于广泛的心理现象才能得到严肃的看待，因为只有这样，我们才有可能通过对照实验来验证它的假说。

159

注释

[1] 'We have to know, so we will know'. 这句箴言镌刻在希尔伯特的墓碑上。见 Constance Reid (1970). *Hilbert*, p. 220. (New York: Springer-Verlag)。

[2] Hilary Putnam (1994) Review of *Shadows of the Mind*, *The New York Times Book*

Review, Nov. 20 1994, p. 1.

[3] Roger Penrose (1994) Letter to *The New York Times Book Review*, Dec. 18 1994, p. 39.

[4] Ned Block (1980) *Readings in Philosophy of Psychology*, Volume 1, Parts 2 and 3. (Harvard University Press, Cambridge, MA).

[5] Alfred North Whitehead (1933) *Adventures of Ideas*, (Macmillan, London) (1929) *Process of Reality* (Macmillan, London).

[6] A. N. Whitehead, *Adventures of Ideas*, Chapter 11, Section 17.

[7] 同上, Chapter 13, Section 6。

[8] Roger Penrose (1989) *The Emperor's New Mind*. (Oxford University Press, Oxford).

[9] Abner Shimony (1965) 'Quantum physics and the philosophy of Whitehead', in Max Black (ed.), *Philosophy in America* (George Allen & Unwin, London): reprinted in A. Shimony (1993). *Search for a Naturalistic World View*, Volume 2, pp. 291 - 309. (Cambridge University Press, Cambridge); Shimon Malin, (1988). A Whiteheadian approach to Bell's correlations, *Foundations of Physics*, **18**, 1035.

[10] M. Lockwood (1989) *Mind*, *Brain and the Quantum*, (Blackwell, Oxford).

[11] Henry P. Stapp (1993) *Mind*, *Matter and Quantum Mechanics* (Springer-Verlag, Berlin).

[12] Bogdan Mielnik (1974) Generalized quantum mechanics, *Communications in Mathematical Physics*, **37**, 221.

[13] Martin Quack (1989) Structure and dynamics of chiral molecules, *Angew. Chem. Int. Ed. Engl.* **28**, 571.

第 5 章 | 为什么是物理?

南希·卡特莱特

161 在伦敦政治经济学院和伦敦国王学院联合举办的研讨会“哲学：科学还是神学”上，我们讨论了罗杰·彭罗斯的著作《心灵的影子》。我想从某位参会者在研讨会上问我的一个问题开始——“罗杰为什么认为，那些关于心灵和意识的问题应该从物理学而非生物学中寻找答案?”据我所知，罗杰提出的理由分为三种：

> (1) 如果从物理学中寻找答案，我们可以列出一个很有前途的计划。对罗杰这类的项目来说，这可能是我们能提出的最有力的一种理由。的确，我是一个实证主义者，既反对形而上学，也反对先验论证，我愿意主张，这是唯一一种我们应该重视的论证。当然，这种论证对项目的支持力度取决于计划本身的前途——和详细程度。清晰的是，罗杰的提议不是一个详细的计划——它首先假设宏观量子相干性广泛存在于细胞骨架的微管中，然后试图在一种新的量子力学和静电力学的融合理论中寻找意识不可计算的特征。它之所以有前途，当然不是因为事实上，在一个经过充分验证的循序渐进

162

的研究时间表中，它是自然而然的下一步。如果你觉得它有前途，那一定是因为它的想法大胆、充满想象力，因为你坚信，要把量子力学彻底弄个明白，这种新的融合势在必行，也因为它提前给出了有力的承诺，即如果意识真有科学的解释，那么它最终一定可以归结到**物理**层面上。我认为，要判断罗杰的计划有多大的前途，最后这条理由必然发挥了关键作用。但是显然，虽然它在某种程度上的确发挥了作用，不过我们认为罗杰的计划有前途这个事实，依然无法彻底说服我们承担重任的为什么是物理学，而不是科学的其他分支。

（2）认为物理为意识提供终极的解释，第二个理由来自一个毋庸置疑的事实：物理学的某些知识——尤其是电磁学——为我们理解脑和神经系统做出了贡献。截至目前，电路的概念仍是我们描述信息传递的标准方式。罗杰的论证有一部分依赖于电磁学的最新成果：人们认为，微管蛋白二聚体内部不同的电极化状态造就了它们不同的几何形态，从而导致这些二聚体向微管弯曲的角度出现差异。但这种论证没什么用。物理学讲述了一部分故事，这个事实不足以证明它就一定能讲述全部的故事。

有时候，在这个阶段，人们会把化学推出来打对台。今时今日，谁也不会否认，这个故事有很大一部分是由化学讲述的。但根据大家的预想，化学中与此有关的内容实际上是物理层面的。罗杰自己差不多就是这么说的："控制原子和分子相互作用的化学力实际上源自量子力学，**神经递质**将信号从一个神经细胞传向另一个——跨越名为**突触间隙**（synaptic cleft）的裂缝——而这些化学物的行为主要由化学反应控制。同样不可否认的是，从物理层面上控制神经信号传递的动作电位（action potential）本身就源于量子力学”（SM，p.348）。如何完成从“物理学讲述部分故事”到“物理学讲述全部故事”的巨大推理跨越，为了解答我的这一疑虑，化学被推出来为物理学提供辩护。可是现在，这种巨大的跨越在更低的层面上再次出现了。众所周知，我们还没有将物理化学中的相关部分真正还原为物理——无论是量子的还是经典的。[1]要解释化学现象的方方面面，量子力学至关重要，但除了量子概念以外，我们往往还需要其他领域**特有的**——也就是未还原的——概念。单凭量子力学无法解释化学现象。

(3) 认为物理能解释心灵的第三个理由是形而上学。我们可以看看罗杰的关系链。我们愿意假设，心灵的功能并**不神秘**；这意味着它能用**科学**术语解释；也意味着它能用**物理学术语**解释。在我的研讨会上，“为什么不是生物？”这个问题是著名统计学家詹姆斯·杜宾提出的。我认为这是个有价值的问题。作为一位统计学家，杜宾的世界丰富多彩。他研究的特征模式来自各个领域，包括科学的和实用的。反过来说，罗杰的世界由**统一的系统**组成，物理为这个世界的统一性奠定了基础。我认为，之所以将希望寄托在物理学上，是因为我们找不到其他令人满意的形而上学。没了这套系统，我们就只剩下某种不可接受的——或者用罗杰的话来说，神秘的——二元论。这是我想讨论的主题，[2]因为我认为，真正说服很多物理学家的正是这种没有合理替代品的想法。任何把物理学严肃地当作对世界的真实描述的人，都必然相信它的霸权。

为什么？这个世界上显然有很多很多不同的特性在起作用。有

164

的是某个科学门类的研究对象，有的属于另一个门类的研究范围，还有的处于不同学科的交叉地带，而大部分特性不属于任何一个科学门类的研究范围。是什么让人们相信，透过表象，它们实际上全都一样呢？我认为有两点：一个是过于相信它们的相互作用的系统性，另一个是过于高估了物理学的完成度。

我应该提一下，将物理主义的一元论视为唯一的可能性，形而上学视野的这种局限在哲学领域也普遍存在，就连那些反对将其他科学门类还原为物理学的人也逃不开它的影响。在生物哲学领域，还原论早已过时；现在又有一种涌现主义再次得到重视，它的理念是，随着复杂度和组织化水平的提升，新的特性和规律会涌现出来。大部分人仍无法摆脱一元论的桎梏，他们觉得自己必须坚持"附生性"（supervenience）。大体而言，要说生物特性附生在物理特性上，就等于说，如果两种情况拥有相同的物理特性，那么它们的生物特性也必然一致。他们说，这并不意味着生物规律被还原成了物理定律，因为生物特性不需要用物理学术语来定义。但这的确意味着生物特性不是完全独立的，因为它取决于物理特性。一旦物理描述被确定下来，生物描述就不能再自行其是。生物特性没有完全独立的地位。它们是二等公民。

将生物特性严肃地看作本身具有因果效力的独立特性，这并不是对经验证据的蔑视。我认为我们在科学中看到的这些东西天经地义：有时候物理学能帮助我们解释发生在生物系统里的事情。但正如我先前说过的化学领域的情况，这里也一样：它往往离不开未还原的、特有的生物描述的帮助。我们可以修改一下我在别处用过的一句口号：没有生物学

166 的输入，就没有生物学的输出。① 对我们所看到的东西最自然的描述是，它是生物特性与物理特性的相互作用。我们也有与背景高度相关的对生物和物理描述的甄别，以及大量配合密切的因果关系——生物和物理特性共同作用，产生了二者谁都无法独力制造的效果。从这里到“一切必然归结于物理”，这正是我担心的巨大推理跨越。我们所看到的东西可能没有违背“一切归结于物理”，但它当然无法推出这一结论，而且事实上，从表面上看，它似乎正好背道而驰。[3]

我相信，人们之所以会相信一切必然归结于物理，部分是因为他们想要一个了结。好的物理理论的概念和定律应该能构建一套自洽的系统：你只需要预测这些概念本身。我认为以这个标准来衡量物理理论是否成功是错误的——或者至少是毫无理由地乐观了。大约在附生的想法得到哲学界重视的同一时间，特殊科学的概念也开始凸显出来。从本质上说，除了物理学以外的所有科学都是特殊科学。这意味着它们的定律最多只能在“其他条件不变”的情况下成立。这些定律有效的前提是，

① 在讨论中，艾伯纳·西蒙尼就此做出了如下评论：“南希·卡特莱特提出，与其把心灵放到物理学的背景下讨论，不如从生物学的角度出发。我赞同她的要求中积极的部分。当然，从演化生物学、解剖学、神经生理学、发展生物学等多个角度来说，关于心灵我们还有很多东西要学习。但我不认为研究心灵与物理的关系是白费功夫。无论是学科之间的关系还是整体与部分之间的关系，都应该得到尽可能深入的探索。你并不知道这些研究会通往怎样的先验，不同领域的研究结果可能大不相同。因此，贝尔定理和它启发的实验表明，任何将确定的状态赋予单个系统的理论，都无法解释空间上分离的纠缠系统所表现出来的相关性——这是整体主义的伟大胜利。昂萨格（Lars Onsager）对二维伊辛模型经历相变的证明表明，各成分只与最近的邻居相互作用的无限系统可以表现出远距离的秩序——这个胜利属于解析的视角和从宏观物理学到微观物理学的还原。这两种发现——无论是整体的还是解析的——都揭示了这个世界的重要特性。研究学科之间的关系不会损害学科内部现象学定律的有效性。这样的调查也许能为我们提供改进现象学定律的线索，也可能加深我们对这些定律的理解。当巴斯德提出，光在穿过溶液时偏振面之所以会发生旋转，是因为分子有不同的手性，他便由此创建了立体化学。”——原注

没有任何来自该理论范围之外的干扰。

但人们为什么相信物理定律超越了“其他条件不变”的层面？我们在实验室里取得的辉煌成功不能证明这一点；牛顿力学对行星系统的成功应用令康德大为震撼，但它也不能证明这一点。从物理学衍生出来的伟大技术成果全都无法证明这一点——无论是真空管、晶体管还是SQUID 磁力计。因为这些设备被制造出来就是为了确保排除外部干扰。它们无法验证，在有来自理论范围外的因素发挥作用时，物理定律是否还有效。当然，人们普遍相信，就物理学而言，任何东西都不会干扰它的有效性，除非这些外部因素本身可以用物理学的语言来描述，可是这样一来，它们就得遵循物理学定律。不过当然，这正是问题的焦点所在。

167

最后我想聊几句现实主义。我一直秉持一种多元主义的观点：所有科学都大致平等地站在一起，不同学科研究的因素之间存在多种多样的相互作用。这幅图景通常伴随着另一个观点：科学是人类的构建，不是自然的镜像。但二者之间不存在必然的联系。康德的立场正好相反：正是因为我们构建了科学，统一的系统才不光是可能的，而且是必要的。无论如何，今时今日，这幅多元主义的图景往往与社会建构主义有关。所以重要的是，我们必须强调，多元主义并不意味着反现实主义。说物理定律同样受到“其他条件不变”的限制，并不是否认它们的正确性，只是说它们并不是完全至高无上的。多元主义威胁的不是物理学的现实性，而是它的霸权。所以我并不想引导大家讨论科学的现实主义。我更想让罗杰讨论他那个形而上学的论断：完成终极解释的必然是物理学。因为必须以此为先决条件，讨论的重点才能转移到，承担这个任务的到底是这种物理学还是那种物理学。问题不在于物理学定律是否正确，是否通过某些方式影响心灵的运转，而是它们是否就是至高真理，是否必然承担着提供终极解释的重任。

注释

[1] 见 R. F. Hendry：Approximations in quantum chemistry in Niall Shanks（ed.），*Idealisation in Contemporary Physics*，（Poznań Studies in the Philosophy of the Sciences and Humanities，Rodopi，Amsterdam）（forthcoming 1997）。R. G. Woolley（1976）：'Quantum theory and molecular structure'，*Advances in Physics*，**25**，27-52.

[2] 反对单一系统的具体主张，见 John Dupre（1993）*The Disorder of Things: Metaphysical Foundations of Disunity of Science*（Harvard University Press，Cambridge MA）；Otto Neurath（1987）*Unified Science*，Vienna Circle Monograph Series，trans. H. Kael（D. Reidel：Dordrecht）。

[3] 对这一点的进一步讨论，见 Nancy Cartwright（1993）Is natural science natural enough? A reply to Phillip Allport，*Synthese*，**94**，291。对此处提出的总体观点的更详细讨论，见 Nancy Cartwright（1994）'Fundamentalism vs the patchwork of laws'，*Proceedings of the Aristotelian Society* and（1995）'Where in the world is the quantum measurement problem'，*Physik*，*Philosophie und die Einheit der Wissenschaft*，*Philosophia Naturalis*，ed. L. Kreuger and B. Falkenburg（Spektrum：Heidelberg）。

第 6 章 ｜ 一位问心无愧的还原论者的异议

史蒂芬·霍金

作为开始，我应该说，我是一名问心无愧的还原论者。我相信，生物学定律可以还原到化学层面上。DNA 结构的发现已经让我们看到了这一点。我还相信，化学定律可以还原到物理层面上。我想大部分化学家会赞同这个观点。

罗杰·彭罗斯和我合作研究空间和时间的大尺度结构，包括奇点和黑洞。对于广义相对论的经典理论，我们的看法大体一致，但当我们进入量子引力的领域，分歧就开始出现了。现在我们对世界的认识很不一样，无论是物理层面还是精神层面。从本质上说，他是一位柏拉图主义者，相信存在一个独一无二的概念世界，它描述了一个独一无二的物理现实。从另一方面来说，我是一个实证主义者，相信物理理论只是我们构建的数学模型，追问它们是否符合现实没有意义，我们只需要探究它们的预测是否符合观测结果。

这种认识上的分歧导致罗杰提出了本书第 1 至 3 章中的三个观点，对此我表示强烈的反对。第一个观点，量子引力导致了他所说的 **OR**，即波函数的客观还原。第二个观点，通过对微管内相干性的影响，这一过程在大脑的运作中扮演着重要角色。第三个观点，由于哥德尔定理的存在，我们需要 **OR** 这样的东西来解释自我意识。

170

从我最了解的量子引力开始。他提出的波函数客观还原是退相干的一种形式。这种退相干可以通过与环境的相互作用或时空拓扑结构的波动而产生。但这两种机制，罗杰似乎哪种都不想要。取而代之的是，他宣称，退相干之所以会发生，是因为一个小物体的质量导致时空发生了轻微的翘曲。但是，根据公认的理念，这种翘曲不会阻止没有退相干和客观还原的哈密顿演化（Hamiltonian evolution）。也许这些公认的理念都错了，但罗杰也没有提出一套详细的理论，让我们能够计算出客观还原会在什么时候发生。

罗杰提出客观还原的动机，似乎是为了把薛定谔那只可怜的猫从半活半死的状态中解救出来。当然，在如今这个动物解放的年代，这样的方案再也没人敢提了，哪怕是以思想实验的形式。不过，罗杰提出了一个观点，他声称客观还原是一种非常微弱的效应，以至于在实践层面上无法跟因与环境互动而产生的退相干区分开来。果真如此，那么环境导致的退相干也能解释薛定谔的猫，不需要借助量子引力。除非客观还原是一种强到足以通过实验进行测量的效应，否则它无法承担罗杰的期望。

罗杰的第二个观点是，客观还原对大脑有不容忽视的影响，具体可能是通过对微管内相干性的影响来实现的。关于大脑如何运作，我不是专家，但哪怕我相信客观还原，这个观点也不太可能是对的，更何况我不信。只有在足够独立的系统里，客观还原才有可能与环境导致的退相干区分开来，我不认为大脑里存在这样的系统。如果它们的独立性真有

171

这么高，那么它们之间的互动就达不到参与精神过程所需的速度。

罗杰的第三个观点是，因为哥德尔定理意味着有意识的大脑是不可计算的，所以客观还原有其存在的必要性。换句话说，罗杰相信，意识是生物特有的东西，不能在计算机上模拟。他没说清楚客观还原如何解释意识。不过，他似乎是想说，意识是个谜团，量子引力也是个谜团，所以二者必然相关。

就我个人而言，听到别人，尤其是理论物理学家，谈论意识，我会觉得不舒服。意识不是一种你能从外部测量的量。如果明天有一个小绿人出现在我们门口的台阶上，我们没办法说清楚他是拥有意识和自我意识，还是仅仅是个机器人。我更愿意讨论智能，这是个能从外部测量的量。智能为什么不能在计算机上模拟？我看不到任何理由。当然，正如罗杰通过象棋问题说明的那样，现在我们还无法模拟人类智能。但罗杰也承认，人类智能和动物智能之间没有明确的界限。所以只要考虑蚯蚓的智能就够了。我认为毋庸置疑，我们肯定能在计算机上模拟一条蚯蚓的大脑。哥德尔的论点与此无关，因为蚯蚓不在乎 Π_1 命题。

从蚯蚓大脑到人类大脑的演化，大概是通过达尔文提出的自然选择而实现的。被选择出来的是逃脱敌人、完成繁殖的能力，而不是搞数学的能力。所以哥德尔定理在这里还是不管用。只是生存所需的智能恰好也能用于完成数学证明而已。这是件很看运气的事情。我们当然没有一套已知可靠的流程。

172

我已经说明了为什么我不同意罗杰的三个观点：存在波函数的客观还原，它与大脑的运作有关，以及它是解释意识的必要条件。现在我最好让罗杰做出回答。

第 7 章 | 罗杰·彭罗斯的回应

173 感谢艾伯纳、南希和史蒂芬的意见，我想略作回应。下面我将分别回答他们的疑虑。

对艾伯纳·西蒙尼的回应

首先，请容我说，我非常感谢艾伯纳的评论，我从中受益颇多。但他提出，我把注意力集中在可计算性的问题上，这可能是选错了应该攀登的山峰！如果他是想借此指出，除了不可计算性以外，精神还具有其他很多重要表征，那么我完全同意他的看法。我还同意，希尔勒的中文房间论证为“单靠计算就能唤起精神层面意识”的“强 AI”立场提供了有力的反面证据。正如我自己对哥德尔定理的讨论一样，希尔勒最初的论证考虑的是“理解”在精神层面上的意义，但中文房间也可以用来证明其他精神品质的不可计算性（甚至可能更有力），譬如对音乐声的感受，或者对红色的感知。但是，我之所以没在自己的讨论中使用这个174 理由，是因为这是一种纯负面的品质，它既不能提供任何真正的线索，帮助我们弄清意识到底是怎么回事，而如果我们想寻求精神性的科学基础，它也无法为我们指明探索的方向。

用我在第 3 章（亦参见《心灵的影子》，英文原版第 12—16 页）中采用的术语来说，希尔勒的论证只考虑了 **A/B** 的区别。也就是说，他希望证明，意识内在的方面没有被计算包含。对我来说，这还不够，因为我需要证明的是，意识的外在表征同样无法通过计算来获取。在这个阶段，我的策略不是尝试解决复杂得多的内部问题，而是试着在一开始做一些更中庸的事情，尝试去理解，哪种物理学能以可想象的方式制造出有意识的存在能够表现出来的外部行为——所以在这个阶段，我重视的是 **A/C** 或者 **B/C** 的区别。我重点是想说，在这个方面，我们的确可能取得一些进展。是的，我还不打算对真正的高峰发起总攻，但我相信，如果我们能首先成功拿下它一座重要的小山包，那么站在这个有利的新地势上，我们对通往真正高峰的道路就会看得清楚得多。

艾伯纳提到了我针对希拉里·普特南关于《心灵的影子》一书评论的（多封）回信，并表示他没有被我的论证说服。事实上，我并没有真正打算详细回答普特南的问题，因为我不认为刊登在杂志上的信件是进行深入讨论的合适场合。我只想指出，以我所见，普特南的批评十分拙劣。尤其令人恼火的是，他的阐述让人觉得，他甚至完全没有读过书中他想批评的那部分内容。（电子）杂志《心智》（*Psyche*）收录了几篇针对《心灵的影子》的书评，我在上面做出了详细得多的回应，希望这能解答艾伯纳关心的问题。① 事实上，我相信，从根本上说，哥德尔定理

175

① 现在见于：1996 年 1 月号，http：//psyche.cs.monash.edu.au/psyche-index-v2_1.html。现在这篇文章也有印刷版本，由麻省理工学院出版社出版。——原注［该链接已失效，电子版目前（2023 年 1 月）可见于：http：//journalpsyche.org/files/0xaa2c.pdf ——编辑注］

的确非常有力，哪怕某些人似乎特别不愿意将它纳入考虑。我不会仅仅因为某些人的不接受，就放弃相信一个我认为基本正确的论证！我要说的是，意识现象背后可能隐藏着哪种物理学，对于这个问题，哥德尔定理为我们提供了一条重要的线索，哪怕单靠它本身当然不足以告诉我们答案。

我认为，我基本同意艾伯纳提出的正面意见。无论是在《皇帝新脑》还是在《心灵的影子》里，我都没有提到A. N.怀特海的哲学工作，他对此感到疑惑。就我个人而言，主要是因为疏忽。我并不是说，我不知道怀特海的大体立场，他坚持的是某种形式的“泛灵论”。我是说，我没有详细阅读过怀特海的任何哲学著作，所以我既不愿意评论它，也不愿意评论它与我自己的想法是否相近。我认为，我的大体立场和艾伯纳没有很大的偏差，但我不打算在这方面发表任何确切的声明，部分是因为我对自己真正相信的东西还缺乏明确的信念。

我觉得艾伯纳所说的“现代版怀特海学说”尤为震撼，它似乎暗含着某种合理性。现在我意识到，必然潜藏在我意识深处的那些东西和艾伯纳如此雄辩的表达十分相近。此外，要形成以某种量子态集合的形式存在的统一的意识，宏观纠缠是必要的前提条件，他的这个观点是对的。尽管我在《皇帝新脑》和《心灵的影子》里都没有明确提出，但精神性有必要“在宇宙中获得本体的基础地位”，我认为我们的确需要这种性质的东西。毫无疑问，根据我自己的观点，**OR**的每个事件都与某种原始精神性有关，但从某种意义上说，它必然非常“渺小”。如果没有与某种高度组织化的结构形成广泛的纠缠，完美地匹配某种“信息处理能力”——就像大脑里发生的那样——大概不会出现明显可见的真正

176

的精神性。我认为，这只是因为我对自己意见的表述过于糟糕，没有冒险对我自己在这些事情上的立场做出更清晰的表达。我当然感谢艾伯纳的澄清。

我也同意，如果从心理学的角度探索可能的类比和实验成果，也许能获得一些重要的见解。如果量子效应的确是我们有意识的思考过程的基础，那么我们应该开始看到这一事实对我们思维某些方面产生的影响。从另一个方面来说，在这类讨论中我们必须小心推进，不能一下子跳到结论那步，接受错误的类比。我确信，这个领域是一片充满了隐藏陷阱的温床。也许的确有一些明确合理的实验可以做，但探索这些可能性应该是一件有趣的事情。当然，也许还可以做一些对微管假说更具针对性的其他类型的实验。

艾伯纳提到了梅尔尼克的非希尔伯特量子力学。我对理论力学框架这种类型的扩展一直很感兴趣，我相信这些东西应该得到进一步的研究。但我并不完全认为，它就是我们需要的那种扩展。这个想法有两个方面让我觉得不舒服。其一，和其他一些量子力学（扩展）方法一样，作为描述现实的方式，它实际上专注于密度矩阵而非量子态。在常规的量子力学里，密度矩阵空间组成了一个凸集，发生在这个凸集边界上的“纯态”各自拥有一个描述它的态矢量。这样的图景出自常规的希尔伯特空间，它是希尔伯特空间及其复共轭（例如双共轭）的张量积子集。在梅尔尼克的扩展里，这种一般性的“密度矩阵”图景被保留下来，但不存在线性的希尔伯特空间，凸集的构建自然也失去了基础。通过对量子力学的扩展摆脱线性希尔伯特空间的概念，我喜欢这个主意，但失去量子力学正则（复解析）的方面又让我感到不安，这样的损失似乎是这种方法的特征。据我所知，它没有保留类似态矢量的东西，只保留了到相的态矢量。所以在这种形式下，量子理论的态叠加变得格外模糊。当然，你可以提出，宏观尺度下所有的麻烦都源自这些态叠加，也许它们就应该被甩掉。无论如何，它们在量子层面上相当基本，我认为，这种形式的扩展可能让我们失去量子理论最重要的正面组成部分。

我其余的不安来自一个事实：扩展后的量子力学非线性的方面应该用来处理测量过程，这里牵涉到时间不对称（time-asymmetry）的因素（见《皇帝新脑》，第 7 章）。我没有在梅尔尼克的方案中看到这方面的内容。

最后，我应该表达我的支持：我支持建立更好的理论方案，对量子力学的基本规则进行修正，也支持有可能将这种新方案与传统量子理论区分开来的实验。如何通过实验来验证我在第 2 章中提出的这类方案，目前我还没有可行的思路。现在我们离这一步还差几个数量级，但也许以后有人能想出更好的验证方法。

对南希·卡特莱特的回应

听南希说，《心灵的影子》在伦敦政治经济学院和伦敦国王学院联合举办的系列讲座上得到了严肃的讨论，我深感鼓舞（并受宠若惊）。但她提出，有人质疑，我们为什么应该从物理学而非生物学的角度来回答与心智有关的问题。首先我应该澄清，我当然不是说，在我们试图解决这个问题的过程中，生物学就不重要。事实上，我认为在近期，这方面真正的重大进展更可能出现在生物领域而非物理领域——但这主要是因为，在我看来，物理学方面我们需要的是一次重大的革命，谁知道它什么时候会来！

但我揣测，她想要的不是这样的让步——而是希望在我们从科学角度理解精神性的过程中，我能将生物学视为有能力提供“基本要素”的领域。的确，以我们现在对“生物”的定义，从我个人的立场来说，我认为也许可能存在完全非生物的有意识的实体；但如果某个实体不具备我认为至关重要的特定类型的物理过程，那么它就不可能拥有意识。

说到这里，我其实不太清楚南希心目中生物和物理之间的界限到底在哪儿。我觉得她在这些问题上相当实际，她表示，只要能帮助我们前进，那么把意识当成物理问题来研究也没问题。所以她问：我能不能真正指出，有哪个研究计划能让物理学家而非生物学家来帮助我们在根本层面上取得进展？我想我的提议的确能指引我们走向一个比她想要的更具体的计划。我宣称，我们必须在大脑中寻找拥有某种非常明确的物理特性的结构。它们应该能允许量子态在足够独立的扩展空间内存在，且维系的时间至少超过大约一秒的量级，好让与之相关的纠缠在这种状态下扩散到脑部相当大的区域，可能同时涉及成千上万个神经细胞。为了支持这样一种状态，我们需要内部构造非常精确的生物结构，可能是某种类晶体的结构，而且能对突触强度产生重要影响。我不认为单靠普通的神经传输就能完成这个任务，因为它基本不可能维持我们需要的独立性。正如贝克[①]和埃克尔斯[②]提出的，突触前囊泡网格（presynaptic

179

① 弗里德里希 · 汉斯 · 贝克（Friedrich Hans Beck，1927—2008），德国物理学家。研究兴趣集中在超导物理、核物理、基本粒子物理以及量子场论，并在晚年致力于生物物理学和意识理论。——编辑注

② 约翰 · 卡鲁 · 埃克尔斯（John Carew Eccles，1903—1997），澳大利亚神经生理学家，因在突触研究方面取得进展而获得 1963 年诺贝尔生理学或医学奖。——编辑注

vesicular grid）之类的东西也许可以作为备选，但在我看来，细胞骨架微管似乎拥有更多的相关特质。完整的图景里也许还需要其他很多这个尺度的结构（例如网格蛋白）。南希认为我的图景不够详细；但在我看来，它的详细程度已经超过了我见过的几乎其他所有方案，而且它有潜力发展得更加具体，提供众多可供实验验证的机会。我同意，我们还需要做很多工作才有可能接近一幅“完整的”图景——但我认为，我们在前进时必须多加小心，目前我也不指望有什么特别具体的验证。这方面还需要更多工作。

180 物理在我们整体的世界观里扮演着怎样的角色，南希更担心的似乎是这方面的问题。我认为，她可能觉得我们高估了物理学的地位。也许事实的确如此——或者至少可以说，今天的物理学家倾向于提出的世界观，就其完成度而言，甚至就其正确性而言，很可能被严重夸大了！

在南希看来，今天的物理理论是多种理论拼凑起来的（我觉得这种看法是对的），她认为未来情况可能也一直如此。也许物理学家描绘完整大统一图景的终极目标实际上是个无法完成的梦。她认为，就连这个问题的解决途径也是形而上学，而不是科学。关于这件事，我本人的态度有些踌躇，但我觉得，在讨论当前我们需要什么的时候，倒也不必走那么远。统一化一直是物理学表面上的整体趋势，我有充分的理由期待，这一趋势将延续下去。否则就需要将怀疑大胆地表达出来。我认为现代物理理论最重要的“拼凑工作”就是将经典层面和量子层面的描述融合起来——在我看来，目前的融合没什么说服力。你可以说，我们只要学着在两个不同的层面上分别使用两种存在根本冲突的理论就好（我觉得玻尔表达的差不多就是这样的观点）。现在，我们也许能在未来一些年里摆脱这种态度，但随着测量手段越来越精确，人们开始探索这两个层面之间的界限，我们应该想弄清楚，大自然实际上是如何处理这条界限的。也许某些生物系统的行为方式极大地依赖于这条界限上发生的事。我想这个问题可能的结果无非有两种：要么我们能找到一套漂亮的数学理论来解释如今看来混乱而尴尬的局面，要么物理学本身在这个层面上就混乱得让人不愉快。当然不行！我的直觉在这个问题上的立场毋庸置疑。

181

不过，南希的评论给我留下的印象是，在这个阶段，物理学定律只是一团令人不快的混乱，她可能准备好了接受这个情况。① 也许她提出通过不能还原到物理层面的生物学来解决问题，就有这方面的考虑。当然，在这个层面的生物系统中，很可能有大量未知的复杂变量扮演着重要的角色。为了掌握这样的系统，哪怕它背后所有的物理原理都是已知的，我们在实践中可能仍有必要采用全套的猜想和估算流程，使用统计学方法，甚至引入新的数学理念，来形成一个合理有效的科学解决方案。但是，从标准物理学的视角来看，哪怕某个生物系统的细节可能让

---

① 南希 · 卡特莱特在讨论中反复重申自己在这个问题上的立场："罗杰认为，无法处理开放系统的物理学是糟糕的物理学。反过来说，我认为它其实可能是很好的物理学——如果自然的法则真如我所想的那样都是拼凑起来的话。如果世界上充满了各种不能还原到物理层面上的特性，但它们互相拥有因果联系，那么最准确的物理学必然是一种只能描述封闭系统全貌的'其他条件不变'的物理学。这两种观点哪一种才对呢？在我看来，这是个形而上学的问题，所以从这个角度来说，它的答案远远超越了我们已有的经验证据，包括整个科学史。我呼吁在我们需要一个非此即彼的判断来做出方法论决策的时候，如果有可能的话，尽量避开这类形而上学的讨论，以便于给自己多留出一点余地。如果必须下注，我估测的概率和那些全心信仰物理学的人很不一样。现代科学是一项拼凑的工作，不是一个统一的系统。现实的结构到底是什么样的，如果我们必须赌一赌，那么我认为我们最好从能代表现实的既有东西里面选一个最好的投影——而那就是目前已有的现代科学，而不是我们想象中可能存在的完美科学。"——原注

182 我们陷入一团令人不快的混乱，它背后潜藏的物理定律本身却丝毫不乱。就这个方面而言，如果物理定律本身完善，那么“生物学特性的确依附于这些物理学特性”。

但我一直坚持说，就这个方面而言，标准的物理学定律并不完善。更糟糕的是，我宣称，它们在与生物学可能高度相关的方面并不完全正确。标准理论留下的空间能包容某种——以**R**的形式——经典的量子力学过程。从正常的角度来看，这只会造成一种真正的随机，你很难看出，在不干扰——否则就得改变物理理论——这种真正随机性的情况下，新的“生物学”原理如何能参与进来。但我要说的是，事情比这更糟糕。标准理论的**R**过程与幺正演化（**U**）互不相容。说得残酷一点，标准量子理论的**U**演化过程完全不符合可观测事实的表征。在标准视角下，人们通过合理性程度不一的各种手段来绕开这个问题，但残酷的事实依然存在。在我看来，毋庸置疑，无论它在生物学上有什么意义，这仍是一个物理问题。连贯起来看，一个“拼凑”起来的大自然也许就是能忍受这种情况——但我十分怀疑，我们这个世界真是这样的吗。

除了这类事情以外，我就是理解不了，不依附于物理学的生物学会是什么样的。化学同理。（我这样说绝没有不尊重这两门学科的意思。）有人向我表达过类似的观点，他们说自己无法想象非计算性的物理学是什么样的。这种观点并不奇怪，但我在第3章中描述的“玩具模型”宇宙让我们得以一窥非计算性物理学可能的风貌。如果有人能以同样的方式让我看到，不依附于“物理学”的“生物学”可能的样子，我也许会开始认真看待这个想法。

183 让我回归到我以为南希·卡特莱特所提出的主要问题上：我为什么

相信，要为意识寻找科学解释，我们必须将希望寄托在新的物理学上？简短地说，我的答案是，根据我与艾伯纳·西蒙尼的讨论，我只是在目前的物理世界图景中看不到意识和精神性存在的空间——生物学和化学都是这幅世界图景的一部分。除此以外，我也看不到，在不改变物理学的前提下，我们能如何改变生物学，使之脱离这幅世界图景。如果某个世界观从基本层面上包含了原始精神性的要素，你还会说它"基于物理学"吗？这是一个术语问题，但至少目前，我对它还算满意。

对史蒂芬·霍金的回应

史蒂芬以实证主义者自居，这可能会让人产生这样的预期：他也赞同物理学是"拼凑"起来的说法。但据我所知，以他个人对量子引力的理解，他认为量子力学的U标准原理不可动摇。幺正演化也许是一种更好的近似，我真的不明白，为什么他如此坚决地反对这种可能性。幺正演化算是某种近似物，我个人乐于接受这样的设想——正如牛顿高度精确的引力理论是爱因斯坦理论的近似物一样。不过在我看来，这和柏拉图主义以及实证主义都没什么关系。

我不认为，单凭环境导致的退相干就能让薛定谔的猫脱离叠加态。对于环境导致的退相干，我的看法是，一旦环境与猫的状态（或者作为讨论对象的无论哪种量子系统）发生深度纠缠，那么无论你选择哪种客观还原方案，结果都没有本质区别。但要是没有任何还原方案，就连某种临时的FAPP（"完全出于实用方面的考虑"）方案都没有，这只猫就会一直停留在叠加态里。既然史蒂芬是个"实证主义者"，也许他并不真正在乎这只经历了幺正演化的猫到底状态如何，他应该更愿意用一个

184

密度矩阵来描述“现实”。但事实上，这不能帮助我们解决猫的问题，正如我在第 2 章中说的，密度矩阵的描述中没有确切说过这只猫要么死要么活，而不是处于二者的叠加态下。

客观还原（**OR**）是一种量子引力效应，对于我提出的这个观点，史蒂芬说，“根据公认的物理学理念，（时空）翘曲不会阻止哈密顿演化”，这当然是对的，但问题在于，没有 **OR** 过程的介入，不同时空组件之间的鸿沟就会变得越来越大（就像那只猫的情况一样），看起来离我们的经验也越来越远。是的，我的确相信，在这个阶段，公认的理念肯定有错。此外，对于这个层面上到底发生了什么，我自己有一套坚定的想法，虽然这些想法还远远谈不上细致，但至少我提出了一个原则上可以通过实验进行验证的标准。

要说这些过程与大脑相关的概率，我也同意，这看起来“不太可能”——但事实上，有意识的大脑中的确发生着一些非常奇怪的事情，在我（和艾伯纳·西蒙尼）看来已经超出了如今的物理学世界图景能解释的范围。当然，这是个反向论证，你必须注意分寸，不要过火。我认为，重要的是探查大脑真正的神经生理学机制，以及生物学其他方面的机制，非常小心地设法弄清这到底是怎么回事。

185 最后是我对哥德尔观点的使用。我之所以援引这方面的讨论，是因为它能从外部进行测量（比如说，正如我前面提过的，我考虑的是 **A/C** 或 **B/C** 的区别，而不是从外部不可测量的 **A/B** 的区别）。此外，关于自然选择，准确地说，我的观点是，搞数学的能力不是被选择的对象。因为如果它是，我们就会落入哥德尔定理的束缚中，但事实并非如此。从这个角度来说，我论证的重点在于，通用的理解力才是自然选择的筛选对象——而它可以用来理解数学，这是一种附带的功能。这种能力需要具备非算法的特性（因为哥德尔定理的存在），但除了数学以外，它还能应用于其他很多领域。我不清楚蚯蚓的情况，但我能确定的是，大象、狗、松鼠和其他很多动物都拥有相当程度的理解力。

附录 1 | 古德斯坦定理和数学思维

186 在第 3 章中，为了佐证我的观点——人类的理解力必然涉及无法通过可计算的程序模拟的元素——我列出了对某个版本的哥德尔定理的证明。但人们往往很难理解，哥德尔定理和我们的思考方式——哪怕是数学思考方式——有何关系。原因之一是，按照哥德尔定理常见的表述方式，由哥德尔定理推出的实际的“不可证明”宣言似乎与任何有意义的数学结果都没什么关系。

哥德尔定理告诉我们的是，对任何（足够广泛的）可计算的“证明”过程 *P*（我们准备把它当成不容置疑的真理来信任）而言，你可以构建一个明确的算术命题 G（*P*），我们也必须把它当成不容置疑的真理来接受，但它不能通过原始的证明过程 *P* 得到证明。这里的困难之处在于，直接运用哥德尔的方法获得的真正的数学表述 G（*P*）非常难以理解，而且没有明显的内在的数学意义；另外还有一个难点：我们知道 187 G（*P*）为真，但不能利用 *P* 直接推出 G（*P*）。正因如此，就连数学家们也常常发现自己乐于忽视 G（*P*）类的数学表述。

但也有一些易于理解的哥德尔式的表述，就连那些对普通算术层面以上的数学术语和符号缺乏了解的人也能看懂。1996 年，我在丹 · 艾萨克森的一次讲座上（在为本书提供底稿的坦纳系列讲座之后）见到了一个令人震惊的案例，我在为本书撰写材料时还没有听说过它。这个结果被称为古德斯坦定理。[1]我相信，在此明确写出古德斯坦定理的证明具有指导意义，这样读者可以对哥德尔式的定理有个直观的体验。[2]

要理解古德斯坦定理的主张，先设想任意一个正整数，例如 581。首先，我们将它拆解为 2 的不同次幂之和：

$$581 = 512 + 64 + 4 + 1 = 2^9 + 2^6 + 2^2 + 2^0$$

（这需要先把数字 581 表达为二进制的形式，也就是 1001000101，其中 1 代表展开式中 2 的幂，0 代表缺失的项。）你会注意到，这个表达式中的“指数”，即 9、6、2 这几个数字，也可以用另一种方式来表达（$9 = 2^3 + 2^0$，$6 = 2^2 + 2^1$，$2 = 2^1$），于是我们得到了（考虑到 $2^0 = 1$，$2^1 = 2$）：

$$581 = 2^{2^3+1} + 2^{2^2+2} + 2^2 + 1$$

接下来这个式子里又有一个指数，即 3，需要拆解，采用同样的方式（$3 = 2^1 + 2^0$），我们可以获得：

$$581 = 2^{2^{2+1}+1} + 2^{2^2+2} + 2^2 + 1$$

188

对于更大的数字，我们也许需要第三次或者更多次指数拆解。

现在，我们交替使用下面两条规则，对这个表达式进行一连串简单的操作：

(a) 将“基数”增加 1

(b) 减 1

这里所说的“基数”就是前面几个表达式中的“2”，但对于更大的基数，我们可以找到类似的代表数字：3，4，5，6，等等。如果将规则（a）运用于581的最后一个表达式，将所有的2换成3，我们看看会发生什么：

$$3^{3^{3+1}+1}+3^{3^3+3}+3^3+1$$

（事实上，这个数字有40位，如果以正常的方式写出来，它的前几位是133027946……）。接下来，我们运用规则（b），得到：

$$3^{3^{3+1}+1}+3^{3^3+3}+3^3$$

（当然，这还是一个40位的数字，前几位是133027946……）。现在再次应用（a），得到：

$$4^{4^{4+1}+1}+4^{4^4+4}+4^4$$

189

（现在它成了一个618位的数字，前几位是12926802……）。再次应用（b），得到的结果是：

$$4^{4^{4+1}+1}+4^{4^4+4}+3\times4^3+3\times4^2+3\times4+3$$

（这里会出现3，原因正如普通10进制表达中的9，比如说我们用10 000减去1，就会得到9 999）。然后再运用规则（a），我们得到：

$$5^{5^{5+1}+1}+5^{5^5+5}+3\times5^3+3\times5^2+3\times5+3$$

（这个数有10 923位，前几位是1274……）。注意，这里出现的系数3都必须小于基数（现在是5），而且不受基数增大的影响。再次应用（b），我们得到：

$$5^{5^{5+1}+1} + 5^{5^5+5} + 3 \times 5^3 + 3 \times 5^2 + 3 \times 5 + 2$$

就这样，我们不断交替运用（a），（b），（a），（b），（a），（b），尽可能地往前走。数字一直增大，你会很自然地觉得这样的增长是无限的。但事实并非如此，因为了不起的古德斯坦定理告诉我们，无论选择哪个正整数作为起点（这里是581），最后的结果总是归于0！

这看起来简直不可思议。但它的确是真的，为了让读者们亲身感受这个事实，我推荐大家从3开始试试（$3 = 2^1 + 1$，所以我们得到的数列是3，4，3，4，3，3，2，2，1，1，0）；但接下来更重要的是，再试一试4（$4 = 2^2$，所以数列的开头看起来不出所料，4，27，26，42，41，61，60，84……，但在最终衰减到0之前，这个数列会达到一个最大值，121 210 695）。

190

更不可思议的是，古德斯坦定理实际上是我们在学校里学过的数学归纳法（mathematical induction）的哥德尔定理。[3]还记得吗，数学归纳法让我们得以证明，特定的数学表述S（n）在$n = 1$，2，3，4，5……的情况下都成立。首先，我们需要证明该表述在$n = 1$的情况下成立，然后再证明，如果它在n的情况下成立，则在$n + 1$的情况下也必然成立。这里有个熟悉的例子：

$$1 + 2 + 3 + 4 + 5 \cdots\cdots + n = \frac{1}{2}n(n + 1)$$

要通过数学归纳法证明它，首先我们需要证明它在$n = 1$的情况下成立（显而易见），然后确认，如果这个方程适用于n，那么它必然适用于$n + 1$，这显然为真，因为我们有：

$$1+2+3+4+5\cdots\cdots+n+(n+1)=\frac{1}{2}n(n+1)+(n+1)$$

$$=\frac{1}{2}(n+1)[(n+1)+1]$$

事实上，科尔比和帕里斯证明的是，如果 P 代表数学归纳法过程（包括普通算术和逻辑运算），那么我们就能把 G（P）重新表达为古德斯坦定理的形式。这告诉我们，如果你认为数学归纳法过程可信（你确实很难怀疑这个假设），那么你必须同样相信，古德斯坦定理为真——尽管它单靠数学归纳法无法得到证明！

从这个意义上说，古德斯坦定理的“不可证明性”当然不会阻碍我们看到它事实上的正确性。凭借洞察力，我们超越了此前我们所做的有限的“证明”过程。事实上，古德斯坦本人证明这个定理的方式是运用所谓的“超限归纳法”（transfinite induction）。古德斯坦定理的确是真的，只要洞悉了这一事实成立的原因，你就能直接获得一种直觉，而在目前的背景下，超限归纳法提供的途径让我们得以将这种直觉组织起来。挑几个数字验证一下，你很容易相信古德斯坦定理为真。诀窍在于，看似微不足道的规则（b）不断“凿下碎片”，让指数的高塔摇摇欲坠，最终什么也不剩下，尽管其中需要经历的步骤多得超乎想象。

这一切表明，*理解力*这种品质不是某种能概括为一组特定规则的东西。此外，理解力取决于我们的感悟能力，所以无论有意识的感悟能力源头在哪里，它必然在“理解”的过程中扮演着至关重要的角色。因此，我们的感悟能力涉及的元素似乎不能被封装进任何可计算的规则里；的确，我们有非常充分的理由相信，人类有意识的行为本质上是

“不可计算的过程”。

这个结论当然可能存在“漏洞”，因为考虑到意识的精神性而支持可计算哲学观点的人必然会仰仗这些漏洞中的一个或多个。大体上，这些漏洞说的是，我们的（数学）理解力也许来自某些可计算的过程，只是这些过程过于复杂，以至于我们无法理解，或者从原则上可以理解，但我们理解得不正确、不准确或者只是大体正确。在《心灵的影子》第 2 章和第 3 章中，我相当详细地介绍了所有可能的漏洞，如果哪位读者想了解得更全面一点，我推荐他读一读这部分讨论。有的读者可能觉得，先读一读我在《心智》电子杂志上发表的文章《超越对“影子”的质疑》（Beyond the Doubting of a Shadow）[4] 会有帮助。

192

注释

[1] R. L. Goodstein, On the restricted ordinal theorem, *Journal of Symbolic Logic*, **9**, 1944, 33 - 41.

[2] 也可参见R. Penrose, On understanding understanding, *International Studies in the Philosophy of Science*, **11**, 1997, 20。

[3] 呈现于L. A. S. Kirby and J. B. Paris in Accessible independence results for Peano arithmetic, *Bulletin of the London Mathematical Society*, **14**, 1982, 285 - 93。

[4] 文献信息和网址见本书第 157 页脚注。更完整的印刷版文献见于：*Psyche* **2**, (1996), 89 - 129。

附录 2 | 验证引力导致态坍塌的实验

193

在第 2 章中，我提出了一个设想：如果发生叠加的两种量子态的位置出现了显著偏差，那么它们应该同步还原——不必对这个系统施加任何外部的“测量”——为一种状态或另一种状态。根据我的设想，这种客观态还原（**OR**）发生的时间尺度大约是 $T = \frac{\hbar}{E}$，此处 E 代表因两种态的位置差而产生的引力能。如果位置差固定不变，我们可以把这个能量 E 当作将其中一个实体在引力场中移动到另一个实体的位置上消耗的能量，这相当于把 E 当成两种叠加态下两种质量分布的引力场差异产生的引力自能（gravitational self-energy）。

自本书问世以来，与这件事有关的进展有两个，其中一个是理论方面的，另一个（据说）是实验方面的。史蒂芬·霍金说我“没有提出一套详细的理论，让我们能够计算出客观还原会在什么时候发生”（第 154 页），而这两个新进展都跟他的抱怨、我对他的回应（第 165 页），以及我前面对这方面可能的实验的想法（第 81 页）密切相关。

194

关于理论的方面，大家一直觉得我在本书（第 78 页）和《心灵的影子》6.12 中提出的建议存在一定的不完善之处［迪欧希①提出的与此关系密切的建议（1989）也面临着类似的困难］，在这两本书里，除了引力常数 G（以及$\hbar$和 c 以外），我没有引入任何基本的尺度参数。这种不完善源自一个事实：一般而言，系统在还原时首选的是哪一种态，这个问题没有清晰的答案。如果首选的是“位置态”，在这种态下，每个粒子都有定义得非常清晰的“类似点”的位置，那么与之相关的引力能量 E 的值应该是无限大，因此任何态都应立即还原，这与许多定义完善的量子力学效应存在严重冲突。但要是没有首选态，你就说不清哪些态应该被视为不稳定的“叠加态”，这些叠加态又该坍塌为哪些态（即首选态）。（别忘了，根据 **OR** 方案，这种坍塌发生的时间等于 $\frac{\hbar}{E}$。如果有限的质量聚集在一个点上，就会让 $E=\infty$。）迪欧希 1989 年提出的原始构想里就有一个与此有关的问题，即能量不守恒的问题，正如吉拉尔迪、格拉西（Renata Grassi）和里米尼指出的，这与观测结果之间存在严重的偏差。只要引入一个额外的参数——基本长度 λ——这几位作者就能消除这个偏差，但他们没有充分的理由为 λ 选择任何一个具体的值。[1]事实上，在这个修正后的方案里，态还原的过程会将单个粒子限制在一个直径尺度与 λ 一致的空间里，而不是一个点上。

195

我提出的方案里不存在 λ 之类的额外参数。所有东西都应该由我们已有的（相关）基本参数，具体地说，就是 G, $\hbar$ 和 c（在相对论以外的领域里，c 本身不是相关参数）来约束。不过接下来，我们有具体的“首

① 拉约什·迪欧希（Lajos Diósi，1950—　），匈牙利理论物理学家，在引力理论等方面有重要贡献。亦见于本书图 2.8。——编辑注

选态”吗？假如速度相对于 c 很小，引力势能也很小，那么首选态就应该是我所说的“薛定谔-牛顿方程”的稳态解（stationary solution）。这个方程就是（非相对论的）波函数 ψ 的薛定谔方程，但该方程包含了由牛顿引力势能 ϕ 带来的一个额外术语，ϕ 的源头是由 ψ 决定的质量分布的期待值。大体来说，这会产生一个复杂的非线性耦合偏微分方程组，这方面的内容还有待探索。哪怕在单点粒子的情况下，要理清这个表现正常的方程的稳态解，包括无穷大的情况，也绝非易事。但最近的研究表明，事实上，单点粒子的确存在我们需要的解，这为我的提议提供了一些数学方面的支持。[2]

当然，至关重要的问题是，这种性质的方案是否符合宏观量子叠加态的实际情况。有趣的是，从实验层面上验证这个问题，没准还真有可能实现。虽然技术上很困难，但从原则上说，人们提出的这些实验似乎没有超出现有技术的范畴。他们的想法是，将一块很小的晶体——可能比一粒灰尘大不了多少——置入两个有细微位置差的量子叠加态下，并确认这种叠加态能否连续维持至少零点几秒，而不是立即自然坍塌为一种或另一种状态。根据我上面提出的方案，这种坍塌应该发生；传统观点则认为，这种叠加态能无限期地维持下去，除非某种其他形式的退相干介入进来，污染了这种状态。

196

请容我大致描述一下，这个实验可能应该如何安排。[3]基本的实验装置如图所示。我选择用光子作为入射粒子。但要说清楚的是，这主要是为了方便描述。如果在地面上做这个实验，我们可能最好另选一种入射粒子，例如中子或者品种合适的电中性原子。之所以这样做，是因为实验中需要用到的光子——如果真要用光子的话——必须是 X 射线光

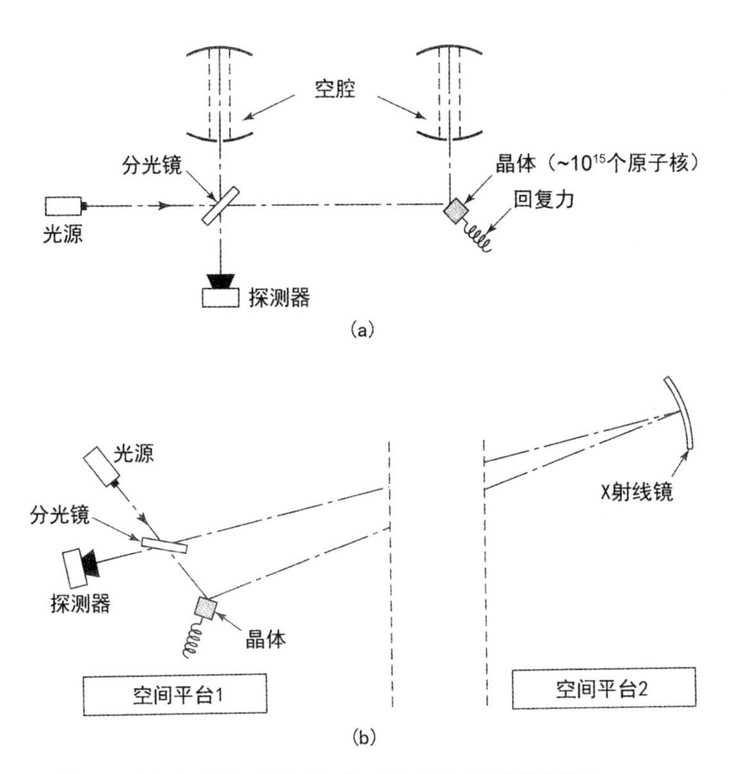

图 1 (a) 基于地面的建议实验；(b) 基于空间的建议实验。

子，从技术上说，要为这样一个光子构建一个实验所需的空腔，这可能是个很大的挑战。（在空间版本的实验中，两个空间平台之间的距离将扮演“空腔”的角色。）接下来，为了方便描述，无论真正选择的入射粒子是哪种，我都统一称之为“光子”。

光源将一个光子射向一面分光镜。然后这面分光镜会将光子的量子态分成振幅相等的两个部分。由此产生的光子叠加态之中的一种状态（被反射的部分）能在不损失相位相干性的情况下维持，比如说，大约十分之一秒。在基于地面的实验中，要达到这个目标，可以让光子停留在某种空腔里；而在基于空间的实验中，光子被射向安装在另一个空间平台上的X射线镜，两个平台之间的距离可能等于地球半径。而在叠加的另一种状态下，光子会射向一小块晶体——它包含着，比如说，大约10^{15}个原子核——然后光子被晶体反射，并将相当可观的一部分动量转移给晶体。在基于地面的实验中，光子叠加态被晶体反射的状态和另一种状态一样，也发生在一个类似（或者就是同一个）空腔里；而在基于空间的实验中，光子的第二种状态同样是射向空间平台上的镜子。晶体是这样的：作为一个刚体（就像穆斯堡尔晶体一样），光子冲击带来的所有动量由晶体的所有原子核共同分享，基本不可能激发内部的振动模式。这块晶体会受到某种回复力——在图中用一根弹簧表示——的影响，其强度使得它在，比如说，十分之一秒内回到原始位置。此时此刻，在基于地面的实验中，光子态中与晶体发生碰撞的部分从空腔中被释放出来，于是它逆转路径，抵消了回归原位的晶体的速度。接下来，光子态的另一个部分也在精确的时间点上被释放出来，这两个部分在最初那面分光镜相遇。在基于空间的实验中，第二个空间平台上的镜子会

198

将光子态的两个部分分别反射回起点，也就是主空间平台，最终得到相似的结果。在其他版本的实验中，只要相位相干性在整个过程中没有损失，光子态的两个部分就会在分光镜处相干结合，然后原路退出，所以放置在分光镜另一面的探测器不会探测到任何东西。 199

现在，根据我的提议，上面描述的晶体两个位置的叠加态存在的时间大约是十分之一秒，这种叠加态并不稳定，其坍塌时间差不多也是这个量级。这相当于假设晶体的波函数是这样的：原子核位置质量分布的期望值相当紧密地集中在它们平均的核位置周围。因此，根据这个提议，现实中晶体位置的叠加态（一只“薛定谔的猫”）有很大的概率会自发还原为一个位置或者另一个位置。光子的态起初与晶体的态纠缠，所以晶体态的自发还原会让光子的态同步还原。在这种情况下，现在光子“要么走这边，要么走那边”，不再处于二者的叠加态下，由此丧失了两束光之间的相位相干性，而现在，探测器探测到光子的（可计算）概率相当可观。

当然，现实中，这种性质的实验里很可能存在其他很多形式的退相干，它们会破坏两束返回光的干涉。关键的理念是，如果将其他所有形式的退相干降低到足够小的程度，那么通过对相关参数（晶体的尺寸和性质，晶体位置差与晶格间距之间的比例，诸如此类）的调整，就有可能识别出我提出的 **OR** 方案中固有的退相干时间的独有特征。这个实验有多个变体可供考虑。（吕西安·哈迪[①]提出的一个变体里使用了两个光子，这也许能为基于地面的实验带来一定的好处，因为在这种情况下，单个光子本身不需要保持十分之一秒的相干性。）在我看来，在不远的 200

① 吕西安·哈迪（Lucien Hardy），加拿大理论物理学家，“哈迪悖论”的提出者。——编辑注

将来进行这样的实验有其合理性，这不光能验证我自己的 **OR** 方案，也能验证文献中提出的其他各种关于量子态还原的设想。

这个实验的结果可能对量子力学的基础产生重要影响。它很可能会对量子力学在多个科学领域的应用产生深远的影响，例如在生物学领域，在这里，“量子系统”和“观测者”之间不需要明确的分野。最重要的是，大脑中为了产生意识现象发生着哪些物理和生物过程，斯图尔特·哈默洛夫和我提出的这方面的方案，极大地取决于这些实验所要测试的效果的存在与否及尺度大小。如果这些实验得出了毋庸置疑的阴性结果，我们的设想就将被证伪。

注释

[1] Ghirardi, G. C., Grassi, R., and Rimini, A. Continuous-spontaneous-reduction model involving gravity, *Physics Review*, **A42**, 1990, 1057－64.

[2] 见Moroz, I., Penrose, R., and Tod, K. P. Spherically-symmetric solutions of the Schrödinger-Newton equations, *Classical and Quantum Gravity*, **15**, 1998, 2733－42; Moroz, I., and Tod, K. P. An analytic approach to the Schrödinger-Newton equations, to appear in *Nonlinearity*, 1999。

[3] 我感谢几位同行提出的与此相关的建议。尤其是约翰内斯·达普里奇（Johannes Dapprich）提出的想法：一块（穆斯堡尔式的）小晶体或许很适合被置入两个有细微位置差的量子叠加态下。安东·塞林格以及他在因斯布鲁克大学实验物理研究所实验小组的几位成员，对这些设想的可行性提供了莫大的鼓励，并对本实验适合的尺度专门提出了建议。本实验基于空间的版本是我与安德斯·汉森（Anders Hansson）讨论的结果。本实验基于地面版本的初步设计请见 Penrose, R., Quantum computation, entanglement and state reduction, *Philosophical Transactions of the Royal Society of London*, 356, 1998, 1927－39。